Julia's 香草满屋

夏荷　著

河南科学技术出版社
·郑州·

推荐序

Julia的幸福香草人生

台湾香草之父

尤次雄先生

Julia给我的感觉是满屋的薰衣草与紫色弥漫的氛围。

Julia给我的印象是对香草的喜好与执著的热情。

Julia给我的联想是永远怀抱梦想的生活家与拥有一双巧手的魔法妈妈！

Julia的料理，取材于香草，她像一位天才魔术大师，瞬间完成作品，让人惊讶不已。作品中充满着无数的创意与无比的信念，这种由对家人的爱心所幻化而成的料理，绝对是世上最美好的佳肴。

Julia的手作，可以将身边最平凡的物品，凭借创意的想法与实际的操作，变成充满生活艺术的作品。这些手作除了增添家里的装饰，更为日常生活带来无比的乐趣。与其说是化平庸为神奇，倒不如说是创造力的极致呈现。

Julia的餐桌布置，结合她对美感的天生直觉，运用在家庭最温馨的区间。对情侣、夫妇、家人或亲朋好友而言，是一种惊喜，更是一种享受。在充满芬芳香草的环境中，搭配美丽的装饰与可口的佳肴，可说是最幸福不过的一件事了！

对从事香草教学与推广十来年的我来说，香草已不只是事业或工作，更是我日常生活的重心。这些年来也辅导过不少的业者，让台湾的香草产业能不断地创新与发展。

这过程中虽遭受到不少的挫折与失败，但香草始终没有遗弃我，再加上我所创办的台湾香草家族学会的成员好友及听课的学员爱好者们，用最实际的行动鼓励着我，让我深深地觉得自己的香草人生并没有白走！Julia就是其中最支持我的好朋友！

Julia说来是我的学生，反倒是我在她的身上学到更多的东西，她对香草的热情比起我来有过之而无不及，在经历过人生许许多多不顺遂后，选择勇敢地面对挑战，并发展得极其成功，这样的精神与毅力真叫人敬佩。

Julia的人生，不断地蜕变，但香草绝对是她的最爱。这让我想起日本推广香草植物的第一人：广田靖子，她从专业家庭主妇的角色出发，在接触到香草植物之后，整个人生也开始转变，并在香草的世界中找到幸福。

这是Julia的第一本书，最令人期待。浏览她的香草满屋网站，欣赏博客中充满知性与感性的文章，已成了我周末最快乐的事。她主动地邀请我为其著作写序，实不敢当；但作为她的博客的一个忠实读者，对我而言这又是份莫大的荣幸。相信各位读者在品味她书中美好世界的同时，是不是也想像她一样，从一株薰衣草开始种起，然后尽情地享受香草所带来的幸福生活呢？我想这应该就是她这本书最大的意义了。

Julia的幸福香草人生让我们觉得这个世界真美丽！

台湾香草家族荣誉理事长 尤次雄敬笔

作者序

喜欢烹饪的我，在初识香草时即被那些散发着诱人香气的“herbs”（香草）给吸引住了。从此，将香草入菜成为我最爱玩的厨房游戏。然而更进一步认识香草，却是在多年前那一段生命中最困顿的时期。在身心饱受煎熬的那段日子里，是香草植物及蕴含植物能量的自然疗法，带我走出了幽暗的谷底。同时也在那段日子对香草非常广泛的应用有了更多的了解，除泡茶、料理之外，还可以运用在生活布置、个人香氛用品中。在几年之后，香草更为我开启了生命中的第二春，我成立了“Julia's garden香草满屋”品牌网站。

自此，我开始更渴望拥有一个庭院，一个可以种植更多香草的房子。三年前我搬离了人车喧嚣的台北市，来到台湾北部的某个小城。虽然住的并非我想象中的大宅，也并无太大的庭院，但我用了近半年的时间，自己亲手去捡拾路边废弃的栈板，拆解然后钉成围篱，并利用回收品与香草、花朵，打造出一座约25 m^2大小的香草花园。每天早晨送孩子们上学之后，悠闲地走进后花园，浇洒修剪并与香草对话，而后信手拈来香草的叶片，冲泡成香草茶，或者为自己做个香草早餐。午后，当工作告一段落，坐在亲手彩绘薰衣草图案的桌边，泡壶舒压的薰衣草花茶，在轻拂的微风及弥漫的香草气息中，闭眼假寐片刻。接近晚餐的时刻，有时我会依据后院的香草而出门采买搭配的食材；或者我会翻出冰箱的零星食材与窗台的香草就这么做随性的结合。这就是我最爱也渴望已久的“Kitchen Garden Lifestyle”（家庭菜园生活方式）：打开窗户或走进花园，

采摘院子里的香草或蔬菜，就能料理出属于全家人的幸福滋味。

一直认为能让人感受到幸福的美味，并非都来自顶级食材所打造出的星级餐点。它可以来自自己的亲手栽种、烹调，或者来自全家人在假日里一起洗手做羹汤的欢乐气氛，这些总能为再平凡不过的食材与料理增添幸福的真滋味。然而若想让幸福的感受再升级，用餐的氛围营造就显得更为重要了。利用香草或花朵作为餐桌布置的基本素材，再结合个人的创意及巧思，不论是一个人用餐、两个人的烛光晚餐、三五好友的餐叙，或是小家庭乃至大家族的团聚，餐桌的幸福时光总能悄悄地点燃。

闲暇时，我也喜欢一个人慢慢地用双手将香草与其他素材结合。不论是客人来访还是餐叙后，都能用亲手酿造的香草油、香草醋或是手作香草杂货等，加上自己用心的巧思包装，作为一份独特的礼物送给朋友，让收到礼物的人也能感受到暖暖的心意。

因为喜欢香草，也喜欢烹饪、园艺、手作、布置。于是在此书中，我将香草在料理、手作、餐桌布置等领域展开了美丽的延伸。希望你也会喜欢这样美好的香草生活，也期待此书像一颗香草种子，能在你的心田开出满园的香草，让你嗅闻到属于你的幸福气息，体会到属于你的香草满屋。

Julia

目录

Part 3

香草手作&杂货

Part 4
香草蔬食料理

Part 5
香草餐桌布置

Part 1

香草的采收及保存

喜欢看着花园里的香草冒出新绿的芽，而后枝繁叶茂。此际，我会给予它们适时的修剪，而修剪下来的香草可新鲜运用于茶饮或料理；采收的量较多时，亦有许多的长期保存方式。

修剪香草时可从其芽点处剪下，此举亦可促进其发侧芽。若是叶片较大的香草，则从其基部的外侧开始采收。采收后的香草适当清洗其茎叶后即可运用于茶饮或料理，刚刚离开花盆的香草拥有最浓郁的香气，最适宜立刻使用。

香草的香气集中于背面的叶脉处，清洗时动作需轻柔。可在水龙头下用水冲洗，亦可用一浅盆盛水，将采收的香草放入盆中，用双手轻轻拍洗将灰尘洗净即可。避免大力搓揉或长时间浸泡，以免香气散溢。

01

采收及保存方式

大部分现摘的香草最好是即刻食用，香气及烹调风味最佳；若无法即刻品尝，也有几种保存方式。

香草的种类繁多，并不见得都适合干燥。原则上具有坚韧叶片或枝条属木质的迷迭香、百里香、马鞭草、鼠尾草、薰衣草、奥勒冈、芳香万寿菊、月桂叶及部分品种的薄荷较适合干燥储存，且有些香草干燥后香气更为浓郁；其余如罗勒、意大利芹等叶片及根茎都较柔软的香草则不适合拿来干燥，干燥会让其叶片失去最迷人的香气。

大部分现摘的香草最好是马上使用，香气及烹调风味最佳；若无法即刻使用完，也有如下几种保存的方式。

①瓶插法

将修剪下的香草插入玻璃瓶内，摆放于厨房的角落，方便料理时取用，也能为室内增添自然气息，约可保存一个星期。若在插瓶的过程长出根须，也可以直接拿来扦插种植。

②冷藏法

将香草洗净擦干后，用沾湿的厨房纸巾包起来，放入冰箱冷藏，可保存2~3 d。

③ 风干保存法

将洗净的香草平铺于有洞的筛台或棉布上使其自然风干，待叶片干燥后再将其装入密封罐中，约可保存一年。

将4~5株(不要太多，让其保留空隙以利通风）的香草一束束地绑好，吊挂于阴凉通风处，数天至一个星期即能完全风干。再取一密封罐，将风干后的香草叶片逐一放入，可用于茶饮；或用擀面棍将叶片压成碎末状，可用于烹饪调味。在密封罐中约可保存一年。

④微波干燥法

将洗净的香草置于厨房纸巾上，再放进微波炉中加热2~3 min，待叶片干燥后即放入密封罐中保存，约可保存一年。

⑤冷冻保存法

将不适合干燥、叶片较柔软的香草切成末或用料理机打成碎末，与少量开水或油一起调匀放入制冰盒中，待结成冰块后再取出置于保鲜袋或保鲜盒中，约可保存4个月。

香草高汤块

这高汤块是冰的哦！将新鲜香草束或干燥香草包经至少2 h熬煮放凉后，再装入制冰盒中，可保存2~3个月。平时做面条或煮少量汤品时皆可适量加入，非常便利。

02

空瓶罐变身香草保存罐

将自己干燥的香草，加上创意及巧思，送给朋友一份风格独特的礼物。

干燥的香草非常适合当成礼物送给至爱的亲朋好友。可直接购买市售各式各样独特或精巧的瓶罐来盛装，写上一张小卡片，都能感动人心；但若是能利用家中大大小小欲回收的空瓶罐更好，洗净烘干后即可使用。在瓶身可利用各种素材如拼贴、彩绘、布品等为裸瓶做美丽的变身，再打上细致的缎带，附上一张写着祝福文字的手绘小卡，我想不但能显现出独特的品位，更能让收到干燥香草的朋友感受到你最真诚的心意。

① 铁制空罐

拿一只铁制的茶叶空罐，用米色丙烯颜料混合彩绘专用底剂后，先将空铁罐上几层底色，再用吹风机吹干。吹干后在瓶身及瓶口处彩绘上简单的图案，再剪下餐巾纸上的香草盆栽图案。运用拼贴的手法，在剪好的图案背后上一层底剂，粘贴于瓶身，再用平刷蘸些保护剂，涂刷于图案正面及图案与瓶身的交接处，待风干即完成。完成后的铁罐，就用陶盆来包装，陶盆也可以运用彩绘颜料做些简单的彩绘。将几株新鲜的迷迭香，用手折成圆圈环绕于陶盆口，再插入一只造型花叉，利用铝线、麻绳或缎带做成一个提把，在陶盆中段打上缎带及一张卡片。这是一种非常别出心裁的礼物包装手法。干燥香草可以茶饮，而陶盆可以扦插所附的迷迭香，特色花叉就插于迷迭香盆栽内。当迷迭香的植株渐行茁壮，也见证了这份情谊的历久弥新。

②纸盒空罐

在一只纸质茶叶空罐罐身，用白胶贴上印有香草图案的包装纸，并打上一小段拉菲草，附上一张自制的手写小卡片，写着“love”（爱）的心形小夹子，无须多说，让一切尽在不言中。

③玻璃空罐

这原本是一只装保健食品的玻璃空罐。在瓶身贴上一块麻布，在麻布上或用手绣或用英文小印章，做出“Herbs tea”（香草茶）的字样，瓶口打上麻绳。用瓦楞纸折成盒子状，将香草茶置入，再绑上麻绳，质朴的风味最受具特殊品位朋友的青睐。玻璃空罐变身前后呈现了截然不同的风格。

Tips（小提示）

1.目前市面上贩售的包装纸图案款式很多，细心搜寻皆可看见许多精巧的包装小素材。平时也可以将朋友送的或外出购物的礼物包装纸、盒或瓶瓶罐罐收集起来，加上自己的创意及巧思，去呈现一份有着自己独特风格的礼物。

2.拉菲草，英文为raffia，也叫许愿绳或爱情草，来自非洲的马达加斯加。如果买不到拉菲草，也可以用麻绳或其他样子自然淳朴的细草绳代替。

Part 2

香草调味系列&
运用空瓶罐的特殊包装法

开门七件事，柴、米、油、盐、酱、醋、茶。结合香气各异且独特的香草植物，为平凡的生活增添香氛与美感。试着运用家中的空瓶罐及素材予以包装，呈现一份独具风格的礼物。

01

香草油

在料理中，油扮演着举足轻重的角色，一瓶含有特殊香气的油则是烹调出美味佳肴的最佳媒介，能让食材释放出多样风味。香草植物则是酝酿风味油品的主角。不同属性的香草或单独或多种混合，都能呈现独一无二的香气。在运用上不论是作为热炒的基础油还是调制成沙拉酱，蘸食面包或是用做炖菜及汤品在上桌前的提味，都非常适合。其融合了多种香料色彩与透明油品呈现出斑斓色彩，飘散出阵阵旖旎馨香，仿佛一座开放在厨房窗台边的迷你香草花园，能开启味蕾并让美的视觉延伸，优雅的生活美学为料理时光带来更愉悦的心情。将自制的香草油赠与亲朋好友，也将是一份别具特色的礼物。

自制香草油 STEP BY STEP（步骤详解）

1. 将香草植物洗净并擦拭水分，轻轻搓揉使其释放出香气后再依序装入瓶中，也可加入适量的胡椒粒增添视觉上的效果。
2. 将基底油品（橄榄油、葡萄籽油或各种植物油皆可）徐徐倒入直至淹盖过所浸泡的材料，贴上制造日期的标签即完成。
3. 置于阴凉处每天将瓶身摇晃一下，使其入味。大约两周香草的香气就会融入油品当中，浅尝其味道决定是否可使用，最后将浸泡的香草取出，放入整枝新鲜的香草，方便识别同时也可作为装饰。

Tips

自制香草油时所需的玻璃瓶必须具备密封效果，市售有多种款式，但软木塞款较易受侵蚀，无法长时间保存。也可运用家中使用过的螺旋瓶盖空玻璃瓶，将之洗净烘干即可使用。

自制的香草油请置放于阴凉处，避免接触到阳光。可放入冰箱保存，能维持其新鲜风味。若是采用新鲜的香草制作，约可保存三个月。若是采用干燥后的香草，则可保存六个月左右。

① 风味香草油

此款香草油以迷迭香、柠檬香茅为主角，红、白胡椒粒及蒜片为配角。迷迭香独特的气息能与清新的柠檬香茅互为搭配，不仅能平衡迷迭香较为浓郁的味道，也能引领出香茅的气息；而红、白胡椒粒及蒜片则有画龙点睛的效果。它适合清炒意大利面或各式炒时蔬时使用。

在软木塞瓶的瓶身贴上自制的标签，写上风味香草油的材料及保存期限。用英文报纸及透明玻璃纸重叠后包裹住瓶身，瓶口处打上一段拉菲草并套上迷迭香小环，附上一张卡片，写上一段感性或祝福的文字。自制且用心装饰的礼物，最能展现个人独特的品位。

② 百里香油

喜欢百里香优雅的姿态，轻抚其细小的叶片，双手即充满淡雅且清新的气息。此款香草油只用了百里香单方植物，适合与果醋或香草醋调和成沙拉酱，能让生菜沙拉的食材更显清新爽口。百里香同时具有帮助消化的功能。

有着造型漂亮的把手，瓶身隐约透着湖绿色，这只玻璃瓶不需赘饰都能凭其好看的弧线吸引眼球。在瓶口处绑上几段香草叶，你会感受到收礼物的人的那份欣喜的。

③ 南法香草油

有着醇厚气息的鼠尾草搭配散发丁点豆蔻香味的罗勒，再放入数片月桂叶或是干辣椒，即能散发出属于南法的气息。此款油不仅适合各种料理，与番茄芝士沙拉结合更能呈现其迷人的风味。

有段时日，家中常常会堆积着各式的空瓶罐，有些造型特殊用来装入自制的食品并运用巧思装饰点缀，即成为无价的精致好礼。在回收空瓶的瓶脚处彩绘一束薰衣草图案，并在瓶口打上缎带，放在一只底部铺上拉菲草的铁艺篮子内。这将是一份令人爱不释手的礼物。

02

香草醋

各式各样的醋近年来在台湾非常风行，经长时间酝酿发酵的醋，含有多种矿物质及微量元素，对人体有着相当大的益处。蕴含独特香气的香草与各式基底醋的结合，更能融合出口感独特且具开启味蕾效果的香草醋。香草醋的运用范围也相当广泛，加适量的开水调和即成养生饮品；在料理的运用上更是多元：拌入白饭中可制作成寿司，与香草油按比例调和可制作沙拉油醋酱或各式蘸酱，更可用于腌渍小菜或泡菜，在需炖煮的料理中加入些许的醋能帮助提味。醋不仅具防腐效果，更能让食材保鲜，让料理更美味。

自制香草醋

StEP BY StEP

1. 将香草植物洗净并擦拭水分，轻轻搓揉使其释放出香气后再依序装入瓶中。
2. 将基底醋（水果醋、米醋、酒醋皆可）徐徐倒入瓶中，淹盖过所浸泡的材料，贴上制造日期的标签即完成。
3. 置于阴凉处每天将瓶身摇晃一下，使其入味。经2~4周香草的香气会渐渐释放与醋融合，此时则可开始食用。也有快速制香草醋的方式，将要浸泡的香草先用高温处理再放入瓶中，那么醋经2~3 d即可使用。
4. 将之前浸泡的香草取出，再放入新鲜的香草以利识别。

Tips

可将第一道制作的醋先用棉布过滤，不仅保存的时间较长久，在视觉上亦有较好的效果，醋不易混浊，较为清澈。

自制香草醋时所需的玻璃瓶必须具备密封效果，市售有多种款式，但软木塞款较易受侵蚀，无法长时间保存。可选择塑胶塞款，也可运用家中使用过的螺旋瓶盖空玻璃瓶，将之洗净，高温烘干消毒后即可使用。

自制香草醋若经过过滤的程序，可以保存好几年，且经过时间酝酿的醋可说是愈陈愈香。

1 紫苏米醋

此款醋运用了米醋与红紫苏叶片，这种叶片经长时间浸泡后会呈现出动人的透明紫红色泽。浸泡后的紫苏米醋也可拌入白饭中制作寿司。紫苏香气包裹住的米粒，呈现出微酸的口感，轻启您的味蕾。

此款附有塑胶塞的透明玻璃瓶，密封度最佳。可以给瓶身做些装饰：将纸黏土用手压成椭圆形并上色，在上方写上“Vinegar”（醋），用热熔胶将其粘在瓶身上方；用一片钩织杯垫包裹住瓶口处并打上缎带，就打造出一份用心的好礼。

② 清新薄荷果醋

此款醋的主角为水果醋及新鲜薄荷一小把。薄荷的清凉气息与果醋的搭配最为合宜，尤与苹果醋最适宜。浸泡约两周后的薄荷果醋，隐约的琥珀色泽与绿色叶片曼妙姿态所呈现出的效果，只在视觉上就是一种享受。在炎热的夏日，一壶薄荷醋饮加上薄荷冰块，清凉的感受油然而生。也可与适量的香草油调和为沙拉油醋酱，让口感风味更升级。

取一只清酒回收空瓶，将瓶子洗净并烘干。在瓶身用热熔胶写下薄荷的英文“Mint”的字样。在瓶口处套上绿格子布，再用一段绿色的拉菲草打上蝴蝶结或套上薄荷花环。最后用一个长方形的马口铁盒盛装，在底部铺上米色拉菲草丝及一小束的新鲜薄荷，再放入两把小小的园艺造型铲子。这是适合夏天的礼物，散发着一股既自然又清新的气息。

③ 风味香草醋

风味香草醋综合了多种新鲜香草，迷迭香、百里香、月桂叶、意大利芹菜，运用白酒醋为基底融合。用迷迭香的浓郁气息混搭较清新的百里香、月桂叶与意大利芹菜，使其产生风味特殊且平衡的口感。此款醋适合用于料理，可调成沙拉酱汁或各式蘸酱，更可用于炖煮或汤品提味。

这是一款从日本杂货店铺买回的密封罐，特别之处在于其瓶盖也是玻璃制品，内附的塑胶套垫加强其密封效果，盖好后在两侧扣上铁环，是一款兼具美观与实用的玻璃瓶。用此玻璃瓶来盛装风味香草醋是再适合不过了，若要当成特色礼物送人，可以在瓶口处用一碎布或是特殊的纸来包裹并打上缎带，呈现出简单利落的风格。抑或是将素烧陶盆漆上清新的淡黄色，在盆缘写上“Gift”（礼物），在两侧打上红白相间的缎带，将香草醋放入并点缀木制小花插。手提小礼行走于路上的你，或许会成为大家注目的焦点。

03 香草酒

市售的红、白酒可以单独饮用，但也不妨加入适量的香草浸泡，感受香草的独特气息所赋予酒的全新风味，在入口的片刻让味蕾惊醒。白酒含有较浓的酒精成分，不适合狂饮，然而添加适量香草就可以有效地平衡白酒的酒精浓度。在夜深人静的时刻独自啜饮，舒缓白日的纷扰心绪；在好友餐叙相聚时刻举杯齐贺，营造欢乐的氛围。除了单独饮用亦可调成鸡尾酒，也适宜添加在料理中。

可将第一道制作的酒先用棉布过滤，不仅保存的时间较长久，在视觉上亦有较好的效果，酒不易混浊，较为清澈。

自制香草酒时所需的玻璃瓶必须具备密封效果，市售有多种款式，但软木塞款较易受侵蚀，无法长时间保存。可选择塑胶塞款，也可运用家中使用过的螺旋瓶盖空玻璃瓶，将之洗净，高温烘干消毒后即可使用。

自制香草酒

StEP BY StEP

1. 将香草植物洗净并擦拭水分，轻轻搓揉使其释放出香气后再依序装入瓶中。
2. 将酒精浓度为70° ~80° 的白酒（伏特加为佳）徐徐倒入瓶中，淹盖过所浸泡的材料；每3~4 d换入适量的新鲜香草，需重复3次以上，或可浅尝其味道，视个人口味决定是否继续更换新鲜香草。
3. 置于阴凉处每天将瓶身摇晃一下，使香草与酒精充分融合，展现独特风味。
4. 确定香草酒的浓淡已合宜，再将之前浸泡的香草取出，放入新鲜的香草以利识别，也可为香草酒增添风情。

①薰衣草烈酒

此款酒用了阿拉第薰衣草（Allardi Lavender)的品种，扑鼻的薰衣草香气与口感浓烈的伏特加融合后，平衡了白酒原先的呛辣口感，多了薰衣草浓淡合宜的香气。啜饮一口，前段微微辛辣，至后段则可以感受到薰衣草的独特香氛在唇齿间弥漫，多层次的风味演化让人感受到香草酒的迷人之处。也可以在青柠汁或通宁水（Tonic Water）中加入些许冰块调制成鸡尾酒，适宜餐会时饮用。

这只有着优雅造型的浅紫色透明玻璃瓶，最适合用来盛装酿制多时的薰衣草酒。不需太多的装饰，用一小段浅紫色的缎带打成秀气的蝴蝶结，或者绑上一小段的薰衣草枝条，即能呈现出其美丽的线条。

② 香蜂草水果酒

起风片刻走在花园里，就能闻到香蜂草散发出的淡淡的柠檬香气。香蜂草泡成的茶有着“长寿茶”的称号，可见其所含的营养成分对人体有着相当的助益。

香蜂草除了能帮助消化亦有着令心情舒缓的功效，清新淡雅的柠檬香气与水果酒自是最佳搭档。随时在家中准备一瓶这样的香草酒，客人临时来访时可简单地与青柠汁调和成风味饮品，最能展现主人的独特品位。

将酒装入透明的软木塞玻璃瓶，在瓶口处绑上品名标签。将玻璃瓶放入一只木盒里，并附上小盆栽，插入可爱的自制花插，期待美好的情谊就此滋长。

04

香草糖

糖是家中厨房不可或缺的调味品之一，制作甜点、点心、饮品总是少不了它。若在糖中添加不同香气的香草，可以制作成瓶瓶罐罐的香草糖，排列于厨房的橱柜上也是一种独特的居家布置法；还能减少制作点心时的匆忙，让你在客人临时来访时也能从容应对。不论香草茶还是咖啡，加入自制的香草糖都会有独到的口感。

自制香草糖时所需的玻璃瓶必须具备密封效果。也可运用家中使用过的螺旋瓶盖空玻璃瓶，将之洗净，高温烘干消毒后即可使用，最后记得加入干燥剂以防止受潮，延长保存期限。

自制香草糖

StEP BY StEP

1. 将香草植物洗净并擦拭水分，用刀背轻轻搓揉使其释放出香气或是切成细末备用。也可以使用干燥的香草，用料理机或研钵、捣杵将之磨成粉末备用。
2. 建议使用未经漂白的砂糖，若是颗粒较粗的糖需用料理机捣成细末。香草与糖的比例约为1：10，亦可视个人口味调整比例。
3. 将香草与糖混合于洗净并消毒的空瓶中，置于阴凉处每天将瓶身摇晃一下，使香草与糖充分摩擦融合香气，约两周即可使用。
4. 最后可放一株香草以利识别，再加入一包干燥剂以防受潮。

①迷迭香糖

运用新鲜的迷迭香，可整株采下洗净风干放入糖罐中，但需视状况更换新鲜的迷迭香，以保持其最佳风味。若是运用市售的干燥迷迭香则直接放入或是用料理机打成粉末使用均可。迷迭香糖浓郁的独特风味最适宜冲泡咖啡时添加。咖啡具提神效果，迷迭香也具振奋的功效，午后来杯加入迷迭香糖的咖啡，可帮助振奋精神。

用一只玻璃密封瓶盛装迷迭香糖。用买回的园艺木片，先用颜料漆成浅木纹色，再写下“Rosemary Sugar”（迷迭香糖）的字样。用拉菲草将品名木片绑于瓶身，再取一小段新鲜迷迭香枝条绕成环形套于瓶口处。用心形篮子盛装并制作几个迷迭香小环作为装饰。迷迭香的花语是“永恒的记忆”，赋予了此款迷迭香糖更多的想象空间。一张小卡片书写着迷迭香的花语，一段期待中的情谊或许就此写成故事。

2 薰衣草糖

将干燥的薰衣草穗花用料理机打成粉末，或是直接将穗花放入糖罐里皆可。每日摇晃以使风味均匀融合，最后可加入一枝薰衣草，不仅利于识别更具美感。薰衣草糖的运用非常广泛，甜品、饮品、糕点皆可适量添加。

将回收的罐头空瓶洗净烘干后再加入香草糖。瓶盖用颜料画上条纹图案，瓶口处打上紫色缎带；用藤篮盛装并放入一小把的干燥薰衣草。此款香草糖适宜送给喜爱薰衣草或是富有浪漫情怀的朋友；也适合送给心仪的他（她），因为薰衣草的花语就是“爱情草”。

3 香草豆荚糖

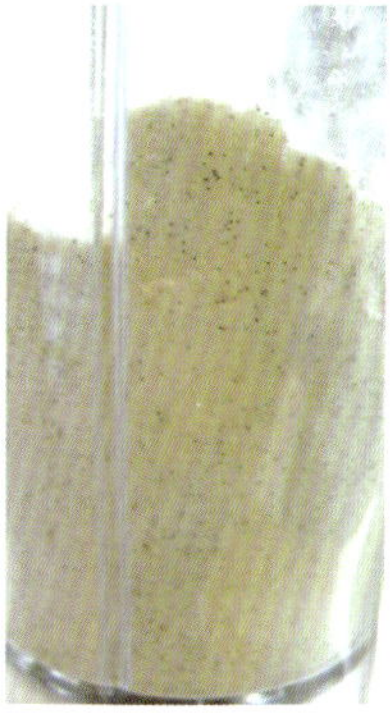

此款香草豆荚糖运用了价值不菲的香草豆荚为主角。兰科植物香子兰（Vanilla）俗称香草，经过开花授粉后所结成的豆荚即为香子豆或香草豆荚的来源。其不菲的价格乃是因为其种植约三年才能结成豆荚，而授粉、采收、加工均需人工处理，耗费多时。一般市面上常见的香草冰淇淋、香草咖啡饮品等大都由此制成，其所蕴含的醇厚香气适合制成调味品。而香草糖的运用最为常见，不论是咖啡、茶饮还是甜品、糕点，酌量添加就能有独树一格的风味。将香草豆荚切成数段用料理机打成粉末，再加入砂糖一起打成粉末状，可用滤网过筛更显质感，也可稍微烘烤以排除微量的湿气。记得在密封罐中放入干燥剂，置于阴凉通风处，一般不受潮的状况可保存一两年。

这只有着木制盖子的玻璃瓶颇具质感，看到第一眼便喜欢上了。首先在木盖上漆上木纹丙烯颜料，在中央彩绘上薰衣草的图案，瓶身随手用颜料写上“Sugar”（糖）字样，并用麻绳打成十字蝴蝶结。再利用一个回收的空纸袋，在封口处用圆形蕾丝蛋糕纸对折覆盖，再用打洞机分别在两侧打洞，系上咖啡格纹缎带。蕾丝纸颇有加分的作用，整体包装虽然看似简约，却又隐隐透露着优雅的质感。

05 香草盐

盐不仅是厨房中不可或缺的调味品之一，更含有丰富的营养成分。民间秘方中也有诸多关于盐的用法，例如盐水可减缓感冒的症状并有清洁杀菌的功效等。有着特殊香气及功效的香草与盐结合，更有加倍的作用。香草盐的用途广泛，可以用于腌渍食品、各式烹调调味或者沙拉佐酱或蘸酱，在切片的水果中撒上些许的香草盐能引领出水果更深层的滋味。

自制香草盐时所用的玻璃瓶必须具备密封效果，也可运用家中使用过的螺旋瓶盖空玻璃瓶，将之洗净，高温烘干消毒后即可使用，最后记得加入干燥剂以防止受潮，并在瓶身贴上制造日期。

自制香草盐

STEP BY STEP

1. 将香草植物洗净并擦拭水分，用刀背轻轻搓揉使其释放出香气或是切成细末备用。也可以使用干燥的香草，用料理机或研钵、捣杵将之磨成粉末备用。
2. 建议使用粗盐或岩盐，矿物质成分较高，若是粗盐也需用料理机磨成粉末状。香草与盐的比例约为1：10，亦可视个人口味调整。
3. 将香草与盐混合于洗净并消毒的空瓶中，置于阴凉处每天将瓶身摇晃一下，使香草与盐充分摩擦融合香气，约两周即可使用。
4. 最后可放一株香草以利识别，再加入一包干燥剂以防受潮。

① 百里香盐

此款香草盐建议使用柠檬百里香。百里香能去除腥味，故非常适用于腌渍肉类及海鲜类；同时有去痰止咳及帮助肠胃消化等功效。在生菜沙拉或水果切盘中撒上些清香的百里香盐，除了提升蔬果的精致风味外更可帮助消化。而在感冒初期用一小撮的百里香盐与温热开水混合冲泡饮用，可以舒缓喉咙不适的症状。

② 综合香草盐

在盐中除了加入香草植物也可以加入色彩亮眼的辛香料，运用干燥百里香、迷迭香及红绿胡椒粒，在牛奶空瓶中一层盐、一层干燥香草或一层辛香料，分层置入即完成。此款香草盐除了用于料理也很适合摆放于厨房的橱柜中或料理台角落。

包装Tips

在几只空试管中放入各种不同口味的香草盐，盖上软木塞。在瓶口处写上品名标签，在小卡片上写下使用说明，用一只铁艺篮子盛装。这样用心且独特的礼物，当然要送给心中最好的朋友！

06

香草束

香气各异的香草植物，不论新鲜或干燥的，味道浓烈或清新的，都非常适合将之绑成一束或放入棉布包中，当成需慢炖细熬的食材或炖制各式高汤时的提味小秘方。香草植物的种类繁多，可以依照自己的喜好尝试不同的组合，或许你会找到专属于你的家庭食谱秘方。记住，在盛盘上菜前需将熬煮多时的香草束捞起。

1 新鲜香草束

鼠尾草、柠檬香茅、百里香各两株，月桂叶1~2片，洗净后用百里香的枝条将香草绑成束，即可当成汤底提味品使用。此配方非常适合当成火锅的汤底提味品，不论是肉类、海鲜类还是蔬食类火锅，长时间的炖煮反而更能显现出汤头的味美甘甜。中国人最喜欢在冷冷的冬天一群人围着吃火锅，此香草束配方最为适用，也可在中途再加入新鲜的香草束继续熬煮，让欢乐的气氛更为加温。

2 干燥香草包

若是家中没有种植新鲜的香草也无妨，可到超市买罐装的各式香料，将之混合放入棉布袋或无纺布茶叶袋中，封口后即可放入锅中炖煮。推荐一款综合香料，适量的干燥荷兰芹、月桂叶、百里香，熬煮的汤头风味非常清新，尤与蔬菜汤特别契合。

07

香草面包粉

家中未吃完的法式面包可别轻易就丢弃，可以将它摆在冰箱冷藏室待稍微硬化之后，再用食物料理机将之打成小粗粒状，其间可加入干燥香草及适量盐并混合均匀，即完成了自制的香草面包粉。制作的香草面包粉可放入小烤箱烤3~5 min，去除其湿气，再用密封盒保存。不论是蘸裹食材下锅油炸，还是与各式切末的新鲜香草、香草油、醋及研磨黑胡椒粒拌匀成糊状，蘸食面包或淋于沙拉上，都有着独特的口感与风味。

08

香草抹酱、蘸酱、佐酱

①香草奶油抹酱

将新鲜的香草洗净切末，大蒜去皮切末，加入适量的黑胡椒粒及盐，与在室温下回软的奶油混合拌匀即成香草抹酱。可薄薄地涂抹于面包上再放入烤箱约3 min，满室即弥漫着一股香草混合着奶油的幸福香气；也可在各式欲进入烤箱的食材上放上一些，以增添风味（蔬菜、肉类与海鲜皆可搭配使用）；或是在烫后的青菜中拌入些许，会成为不爱吃青菜的小朋友们的最爱。在宴会时，摆放一个这样的香草奶油抹酱综合盘，会成为餐桌上最亮丽的风景。

Tips

视个人口味而定，蒜末及黑胡椒粒等辛香料不一定必须添加。也可以一次制作多一些放入冰箱冷藏室，约可保存一个星期。

将拌匀的奶油放在铝箔纸上并卷成圆筒状，即可放入冰箱冷藏，要食用时再切片回软即可。也可放入瓶罐中冷藏保存，但易硬化取用时较不方便。

大部分香草都可做成香草奶油抹酱，但罗勒与细香葱的风味最佳。当然这是我个人的感觉，你也可以试试自己的组合。

② 香草油醋酱

1. 将自制的香草醋与油以1：3的比例，加入适量的研磨黑胡椒粒及盐调匀即可；或是用橄榄油及红、白酒醋调匀亦可。醋可以柠檬汁代替，橄榄油建议用初榨的顶级橄榄油，风味较佳。
2. 除了油与醋也可以加入适量的新鲜香草末，分量视个人口味而定，按比例调匀即可使用。
3. 建议使用细香葱、罗勒、荷兰芹等香草材料。
4. 适用于各式沙拉，特别是土豆沙拉或各式烤肉刷酱。

③ 薄荷酱

1. 将新鲜薄荷去梗切碎，加入适量的红、白酒醋及糖调匀即可。
2. 适用于蔬菜沙拉的淋酱、鱼肉的佐酱、羊肉的刷酱及佐酱。

4 罗勒芝士酱

将新鲜的罗勒及去皮大蒜与顶级橄榄油一起放在料理机中打成泥状，并加入适量的研磨胡椒粒、盐及芝士粉调味，即可使用。

适用于蔬菜类（特别是番茄）淋酱、牛排佐酱、烤羊排刷酱。

5 美乃滋细香葱酱

将美乃滋（10g）、蛋黄（1个）、些许的盐及柠檬汁，用一小钵搅拌均匀，再加入切末的细香葱（2~3支）即完成。

适用于菇类或海鲜、鱼类、鸡肉的烤箱料理，也可以当成各式炸物的蘸酱。

6 荷兰芹酸奶酱

将新鲜的荷兰芹洗净切末与些许的柠檬汁、研磨胡椒粒及盐，加入原味酸奶中搅拌均匀即可使用。

适用于蔬菜沙拉酱、烤洋芋或各式炸物的蘸酱。

Tips

美乃滋（mayonnaise），一般指蛋黄酱，由沙拉油、蛋黄、砂糖和醋等材料制成。也可用土豆、优酪乳、核桃等制作。

喜欢捡拾旧物，路边丢弃的栈板、木片、椅子……常成为我目光停驻的焦点。喜欢逛杂货店铺，常常逛着逛着就买回了一些好东西。在当时其实并不见得有改造想法，工作室里有一区都放置着买回、拾回却还没想法的小素材。有时望着望着，脑海里浮现了某个想法，我喜欢立即动手将想法完成。或许有点瑕疵，或许没有机器做得精准，但我却享受着这样的手作过程。将脑海中片刻变化的微妙念头，缓缓地成形为一个散发着温暖的手作品。

01

随手玩玩香草花环

喜欢亲手制作花环，试着也将泛着香气的香草植物融入，这样就不只是视觉上的享受了。吊挂于室内任何角落，都是最自然的芳香疗法。

① 尤加利花环

将几株尤加利缓缓且轻柔地绕成小圆环，绑上缎带或装饰几朵金丝桃，不论是挂在墙壁上还是厨房窗边，都能营造出简单又独特的生活氛围。

② 迷迭香花环

利用一两枝迷迭香枝条，缠绕成圆环。间或装饰几朵干燥的麦秆菊花朵，用拉菲草或缎带打上小巧蝴蝶结。圣诞节来临时，可用相同的制作方式，做几个大大小小不同的迷迭香花环，再装点数颗干燥松果及圣诞挂饰，浓浓的圣诞氛围立即呈现。

③ 薰衣草花环

将几株干燥的薰衣草绑成一小束，共5~6束。用绿色细铁丝或热熔胶将之固定于市售的木制花环上，绑上缎带，散发着优雅气息的薰衣草花环就完成了。挂在厨房的角落，乐享烹饪时间的我，不自觉地放慢步调，自在且愉悦。

02 随手做做香草杂货

① 香草蜡烛布置

用一只古朴的陶碗，在中心放上一支米白色蜡烛，在外侧围上数株新鲜迷迭香或茶树枝条，或再点缀些可爱的红色金丝桃，让视线有了焦点。这是一款很有特色的餐桌装饰品。在家中制作几款这样的香氛蜡烛，家人或好友餐叙时，不妨就将烛火点燃吧！燃烧中的蜡烛的热度会引领出香草植物的特殊香氛。散发的香气不仅让人开胃，更营造温暖的用餐气氛。

② 新鲜香草挂饰

将月桂叶、辣椒、大蒜等，用针线串起打结，即完成此挂饰。挂在窗台边，既是装饰也方便取用。

③ 香草香包

厨房的角落最容易吸引虫虫家族，可以利用具特殊香气且能防虫的香草，将其装入自己缝制的香包内，做些装饰即完成。可以吊挂于墙上或是置放于橱柜内，或放入一只小藤篮中摆放在厨房角落，不仅能防止恼人的虫扰，也是一种香氛布置法。

建议香草：
薄荷、薰衣草

④ 香草小花瓶

晨光中，做完花园的例行事务之后，总爱信手拈来几只香草及绽放的草花，将它们插入一只可爱剔透的玻璃瓶，或放置餐桌角落，或随手搁在料理台上，它们所散发的自然气息，总令我一再回眸。这样放置的香草，也很方便烹调或茶饮时取用。

不一定花钱买花瓶，各式欲丢弃的饮料空瓶罐或缺角的水杯就是最好的插花素材，运用巧思做些变化，就很独特哦！细香葱、矢车菊、马鞭草、洋甘菊、甜叶菊，随意插入透明玻璃瓶中都显得很动人。

⑤ 香草盆栽

挑选几种自己最爱的且适合料理的香草，种入花盆内，置放于厨房空气流通且有阳光的地方，比如窗台上。想要来道迷迭香烤土豆，就打开窗户拈来几枝新鲜的迷迭香丢入烤箱内，多么随意自得的生活。

在陶盆上用颜料上色并随手彩绘花草的图案，写上“Kitchen Garden”字样，或是写上香草的英文名字，置放于窗台边。一阵微风吹拂，看着叶片婆娑起舞，总能激荡出片刻的好心情。

虽说香草植物需要充足的阳光与空气，但偶尔也可以将香草搬到室内。例如白天浇完水后即可放到室内光线较充足的地方，待夜晚再搬回户外。新鲜的香草不论置放在迎宾玄关、客厅、厨房、浴室抑或不经意的小角落，都能为室内营造出清新的自然氛围，让整个家充满着生生不息的正面能量。

⑥香草屋挂饰

杂货商店买回的屋形木器，在每一个格子里装入颜色较为缤纷亮眼的干燥香草、花草、果实，最后用透明的塑胶片裁切成与房子同等大小的形状，用热熔胶粘上即完成了香草屋。吊挂于家中墙壁上或角落里，都会成为视线的焦点。

⑦托盘布置层架

将木制托盘漆上复古白色，然后直接钉于墙上。玻璃瓶内的迷迭香、香草蜡烛、玻璃杯内的木制小匙，一点巧思，墙面又多了新的样貌。偶尔随着心情换上不同的花花草草或装饰品，是个很棒的布置手法。

8 相框风格挂饰

两只木制小框，一只漆成白色，一只漆成木纹色。白色的木框，用白胶粘贴上家中的碎布料及小段蕾丝，盖上“Herb”印章，再装饰一把木制钥匙，并利用小木夹夹上干燥的薰衣草。

木纹色的木框，则用两段布蕾丝粘贴于木框内，点缀一颗叶子形状的木扣，右下方粘上一个褐色的玻璃空瓶，插入几株香草。

这样的手作小木框，可随时变换不同的干燥香草或花朵。也可以将其游移于室内的不同墙面，为家居增添丰富的表情。

9 香草吸铁

从餐馆带回的瓶盖，在背面粘上吸铁，正面彩绘香草图案或写些简单的英文字，就是一款很特殊的手作吸铁喔！

一只心形小木器，正面彩绘上薰衣草的图案，背面粘上吸铁，也是一款简单的手作吸铁。除了彩绘，也可以运用小印章及专用颜料，盖上各式可爱的图案；或用碎布包裹，或是粘上一个小扣子，或是……手作的乐趣在于将脑海中不断浮现的画面一一实现，然后运用在生活中的每个细节。

10 晒香草架

晒香草虽然是一件再平常不过的事，但爱手作也爱布置的我，一直想让风干中的香草也能为平凡的生活制造些乐趣，于是动手做晒香草的架子。

用粗铝线折成圆形框架，将三条挂花盆的铁链端头的钩子钩住圆形框架，再夹上几个彩绘后的木夹子，将采收下来欲风干的香草吊挂于夹子上。

用自制的晒香草架吊挂着欲风干的香草，当微风轻拂时你可以欣赏由香草植物所演绎的曼妙舞姿，以及偶尔飘送过来的淡淡香氛。喜欢营造这样的生活情境，看似细微的琐事，试着用不一样的心境去对待，你将会得到莫大的感动。

03 随手缝缝香草厨房布品

厨房或餐桌上必备的布作杂货，对某些人或许只是些小细节，但对我而言，却是观察主人生活品位的最佳道具。当然我也喜欢到处逛逛店铺买些布作杂货，但我认为自己手作或设计的，在使用时就会多点不一样的感觉。喜欢麻布朴实无华的质感，结合布蕾丝或彩绘的厨房布作杂货，多了份柔美感。

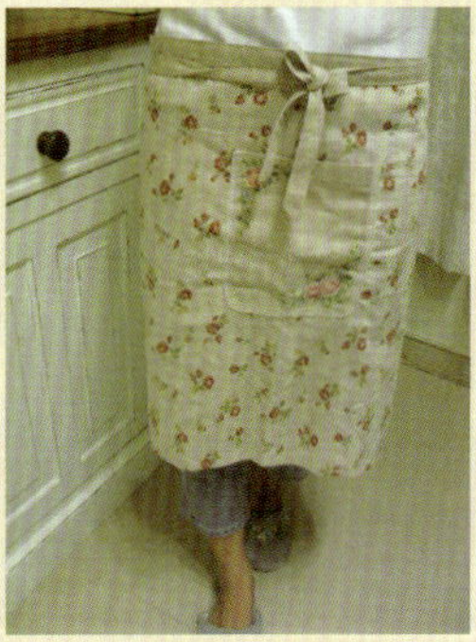

① 围裙

薰衣草连身围裙

运用麻布做成连身围裙，在正面彩绘一盆最爱的薰衣草，口袋上方可搭配蕾丝或格子缎带。不论是在厨房料理还是在花园工作，只要穿上这件亲手彩绘的围裙，心中都有份特别的感受。

玫瑰花短围裙

优雅的玫瑰花布品搭配素朴的麻布口袋，口袋上的彩绘玫瑰花让围裙显得更有质感。

彩绘Tips

布品彩绘是以丙烯颜料调和布品专用底剂后，再将图案彩绘于棉麻布品上，完成后翻面熨烫或是在图案处盖上一层薄布熨烫1~3 min即可。建议手洗或用洗衣袋包裹洗涤，并勿在图案处大力搓揉。

2 隔热手套

喜欢这简单的款式，总觉得比传统隔热手套还要方便实用，正面结合蕾丝与彩绘，背面侧边做上拉链，撒些干燥薰衣草进去，使用过程中的热度能使香氛隐约透出。

3 隔热餐垫

用同样的设计想法，做出大大小小不同尺寸的垫子。正面结合蕾丝与彩绘，背面侧边留一处缺口并缝上扣子，成为一口袋形状，可放入干燥的薰衣草，也方便随时更换不同的香草。干燥香草随着温度的升高能释放出恬适的幽香，令用餐时光多了点愉悦的心情。

4 杯垫与茶壶套

喝杯香草茶吧！寒冷的冬日，为茶壶穿上件外衣，不仅美观更能保持茶水的温度。茶壶套的两侧也可以设计成口袋形状，置放不同的香草。同款杯垫也延伸一样的设计概念，午茶时刻散逸隐约香氛，显得更闲适自在。

Part 4

香草蔬食料理

喜爱香草又喜爱料理的我，最喜欢打开厨房窗台或是走进后院信手拈来几株香草，接着打开冰箱翻找食材，然后开始我的厨房游戏。

01 薄荷系列

薄荷

英文：Mint

学名：Mentha species

栽培：喜欢温和的气候、充足的日照环境及大量的水分。土壤宜保湿性佳且含有机质

运用：茶饮、沙拉、点心、蔬菜、水果、各式肉类

① 薄荷可乐饼

土豆的绵密口感，衬着玉米粒的甜味，咀嚼中唇齿间时而迸出的薄荷气息，令人感到惊喜却又不显突兀，仿佛春天就荡漾在唇边……

对于可乐饼这道料理的名称并未有深入的了解，然而却莫名地喜爱着可乐饼这三个字。仿佛是只要轻咬一口即可以拥有快乐般的心情，尤其是孩子们，每回看到可乐饼，脸上的笑容即刻飞扬。然而坊间不论美式或日式餐厅的可乐饼，小小两片竟要价颇高，孩子们总是吃得意犹未尽，于是我决定自己买食材来试试，至今已做出咖喱蔬菜口味及芝士口味。

看着厨房窗台边的斑叶凤梨薄荷，叶片愈发茂盛往下蔓延，拿着剪刀边修剪边嗅闻着。其叶片除了保有薄荷的清凉特性，同时也散发着一股新鲜凤梨的果香，于是将一些冲泡成香草茶，而另一些则做成薄荷可乐饼。

春阳暖暖的午后，一个人独享着可乐饼。土豆的绵密口感，衬着玉米粒的甜味，咀嚼中唇齿间时而迸出的薄荷气息，令人感到惊喜却又不显突兀，仿佛春天就荡漾在唇边。想念孩子们飞扬的笑容？想念春日的幸福滋味？你一定得试试这道薄荷可乐饼。

材料

土豆（2个），玉米粒（3大匙），薄荷叶（2枝），美乃滋（2~3大匙），面粉、面包粉、蛋液（皆适量）

调味料

盐、白胡椒粉（皆适量）

做法

1. 将土豆去皮蒸熟后捣成泥状，边捣边加入适量的盐及白胡椒粉调味，再倒入玉米粒、新鲜薄荷叶末及适量的美乃滋拌匀备用。
2. 另起一锅油准备炸食，用中火慢慢加温。
3. 将1的材料用手捏成椭圆扁形并压实，再陆续蘸裹面粉、蛋液、面包粉，以高温油炸；约3 min待表面呈金黄色，令人愉悦的可乐饼就可以上桌啰！

② 薄荷巧克力火锅

先品尝一口奇异果与巧克力融合的滋味，开始微酸、微苦，而后有点醇厚甘甜，再尝一口葡萄加上新鲜薄荷叶，清新、沁凉、甜美的滋味，让人嘴角不自觉地上扬……

多年前，时兴了一股巧克力火锅风潮。而我也不免俗地在某个冬日午后，与三五好友邀约成行。依稀记得我们身着大衣、裹着围巾，在露天的咖啡馆，一边闲话家常，一边将水果、饼干、蛋糕，用小叉子蘸食着温热的巧克力送入嘴里。记忆中那个午后，朗朗笑声在四周飘荡。其实，并不特别喜欢吃巧克力，但那天沉浸在那样愉悦的氛围里，巧克力在心里有了另一种意义。许多年了，仿佛还感受得到那巧克力火锅为心灵及味蕾所带来的美妙感受。

前些日子买了几条纯巧克力，还有一只心形巧克力锅。也是冷冷的冬日午后，想起那段友谊，想温故那段温暖的记忆。用小火将巧克力隔水加热，一边搅拌，一边加入些许有甜味的可可粉，待巧克力融化后放入有烛台的心形瓷锅。准备了香蕉、葡萄、奇异果，几株味道清新的薄荷、百里香、香蜂草，还有小蛋糕、小饼干。一个人在后花园，聆听着四周的虫鸣鸟啭及远方树林传来的沙沙声响。花园里盛放的巧克力薄荷也弥散着一股清新的气息。

先品尝一口奇异果与巧克力融合的滋味，开始微酸、微苦，而后有点醇厚甘甜，再尝一口葡萄加上新鲜薄荷叶，清新、沁凉、甜美的滋味，让人嘴角不自觉地上扬。而带点柠檬香气的百里香与温热的巧克力所产生的美味关系，笔墨着实无法形容。而后的每一口，香蕉、饼干、蛋糕，都因为巧克力的独特风味，而有了不同以往的风味。冬日午后，你也来道洋溢着幸福气息的浓醇香草巧克力火锅吧！

材料

纯巧克力（2~3条），可可粉（2~3小匙），香蕉、葡萄、奇异果、草莓等水果（适量），味道较清新的香草植物如薄荷、百里香、香蜂草(每种5~6片)，蛋糕、饼干（适量）

做法

1. 用小火将巧克力隔水加热，一边搅拌一边加入些许有甜味的可可粉，待巧克力融化后放入有烛台的巧克力专用锅。
2. 用盘子盛装切片的水果、各式小蛋糕及饼干等，将洗净的香草叶片直接用小叉子蘸食着巧克力即可享用喔！

③ 薄荷芒果雪泥

绵密的口感，在入口的瞬间如雪般融化，而甜蜜的滋味却在舌间回荡不去，仿佛是一曲独属于夏季的味觉圆舞曲……

芒果是夏季当红的时令水果，红橙的果皮总有股诱人的果香。每到这个季节，到水果摊总爱揣几个回家解馋。直接切块享用当然是最好的食用方式，但偶尔我也会将切块的芒果放入冰箱冷冻室，结成芒果冰块后，再加入新鲜薄荷打成雪泥。

虽然不嗜冰品，但身处这般炙热的季节，实在难以抵挡薄荷芒果雪泥的浓醇香气与沁凉感受。绵密的口感，在入口的瞬间如雪般融化，而甜蜜的滋味却在舌间回荡不去，仿佛是一曲独属于夏季的味觉圆舞曲。

在夏季的众多水果中除了芒果，凤梨及西瓜也都非常适合与薄荷一起打成雪泥。至于薄荷品种，可选择带有果香的斑叶凤梨薄荷。若是喜欢较为沁凉的味道，则可选择绿薄荷。

材料

新鲜薄荷叶（2~3枝），芒果（1~2个），蜂蜜（些许），
鲜奶（些许）

做法

1. 将芒果切块放入冰箱冷冻室结成芒果冰块。
2. 将芒果冰块稍微解冻后放入榨汁机中，加入适量的薄荷叶片、蜂蜜及鲜奶（视个人口味来调整量），待搅拌成雪泥状即完成。

④ 薄荷芒果冰棒

喜欢在炎炎夏日为孩子们做冰棒，看着他们快乐吃冰的模样，心里总有难以言喻的幸福感……

想到冰棒，光阴仿佛瞬间飘回童年。每到蝉声高鸣的季节，那位身穿白汗衫黑长裤的阿伯总会不时地出现在街角。当一声声“冰棒，好吃的冰棒”响起时，一群小孩纷纷出现围着阿伯。“我要梅子的！我要凤梨的！我要……”一阵忙乱后，大伙儿欢喜地坐在树下吃冰棒，伴随着阿伯渐行渐远的“冰棒，好吃的冰棒”。孩提时的我总喜欢慢慢舔食冰棒，每一秒对当时的我而言都仿佛身在天堂。此际，早已身为人母的我，也喜欢在炎炎夏日为孩子们做冰棒，看着他们快乐吃冰的模样，心里总有难以言喻的幸福感。

制作雪泥时可以一次打多一些的量，一些马上品尝，而另一些则可以制成冰棒。在每个制冰棒器内放入一片薄荷叶，再将雪泥缓缓倒至八分满，放入冷冻室，隔天就可以吃到自己制作的营养、卫生、无添加剂的实实在在的冰棒。

味道较清新的香草都适合做成冰棒，例如带有甜味的甜叶菊冰棒，或者可以在甜叶菊里加些洋甘菊、百里香或香茅等，成为综合口味香草冰棒；或者混入新鲜牛奶也可以制成香草牛奶冰棒；冰箱里总会有一两个吃不完的水果，也可以与适合的香草一起打成果泥或加入些蜂蜜，就是好吃的香草水果冰棒。香草种类繁多，试着与孩子一起玩制冰游戏，你会发现孩子们有好多令人惊喜的创意。

材料

薄荷叶（2~3枝），芒果(1~2个)，蜂蜜及鲜奶（些许）

做法

1. 将上述材料打成雪泥。
2. 将雪泥倒入制冰器里，放入冰箱冷冻室3~4 h即完成。

5 柠檬薄荷冰块

喜欢打开冰箱的刹那，看见透明冰块里隐约的粉色、紫色、绿色……只要看着心便清凉泰半……

在众多香草植物中，薄荷属于适应力强又好照顾的种类之一。它在生活上的运用也非常广泛，不论是料理、茶饮还是生活装饰，皆是最好的素材。

在炎热的夏日，我喜欢制作许多香草冰块，比如薄荷冰块及甜叶菊冰块；或是有着缤纷色彩的花瓣冰块，比如琉璃苣、玫瑰、洋甘菊的冰块。有时候我也会试着在香草冰块里加入现榨的柠檬汁。忙碌时，只需打开冰箱冷冻室，丢入几个柠檬薄荷冰块到白开水中，立即可以喝到 杯清凉又养颜的柠檬薄荷水。而叶片有着淡淡甜味的甜叶菊也非常适合制成冰块，只要少少的量即能增加饮品的风味。

先将叶片或花瓣洗净后，放入制冰盒内再缓缓倒入冷开水，也可加入现榨的柠檬汁，待结冰后即可使用。

每年到了春夏，我家的冰箱冷冻室也仿佛是座小花园般，住着各式各样的冰块。喜欢打开冰箱的刹那，透明冰块里隐约的粉色、紫色、绿色……只要看着心便清凉泰半。而这些美丽的冰块，每每令到访的客人惊喜连连。

材料

薄荷叶（10~15片），柠檬（1个）

做法

1. 将叶片洗净，柠檬榨汁备用。
2. 将叶片放入制冰盒，倒入各一半的开水及柠檬汁，待其结成冰块即可使用。

⑥ 薄荷气泡苹果汁

苹果的酸甜滋味与薄荷的清新气息，仿佛初恋的甜蜜滋味……

偶尔会买些不同口味的气泡果汁或气泡矿泉水，加入香草冰块或几片新鲜香草叶。喜爱拿一只透明玻璃杯，将气泡水徐徐注入，看着透明的气泡在眼前漾开。再放入冰块，看着杯身微泛水意，心感到无比清凉。

炙热的午后，穿梭于花园间，汗流浃背之际，我喜欢喝杯薄荷气泡苹果汁。苹果的酸甜滋味与薄荷的清新气息，仿佛初恋的甜蜜滋味。

材料

薄荷（1枝），气泡苹果汁或气泡水（200~300 mL）

做法

在杯中倒入气泡苹果汁或气泡水，加入薄荷冰块及几片薄荷叶即完成。

紫苏
英文：perilla
学名：perilla frutescens
栽培：阳光充足的半日照环境，土壤宜松软排水良好。开花时需将花穗摘除以利其生长
运用：茶饮、沙拉、蔬菜、米食、鱼肉、鸡肉、牛肉
好伙伴：鱼肉、米食

02 紫苏系列

紫苏原产于亚洲地带，有两种最常见的品种——叶片呈翠绿色的绿紫苏和叶片为暗紫红色的红紫苏。绿紫苏的香气比红紫苏浓郁，叶片质地亦较红紫苏柔软。一般绿紫苏最常见用于日本料理店中佐生鱼片，而红紫苏则较多运用于腌渍，比如紫苏梅、紫苏醋、紫苏酒，都能展现红紫苏迷离的色彩及精致的风味。

①红紫苏梅饭&绿紫苏寿司

就如同吃过了口味纷呈、味觉强烈的美味佳肴，偶尔我们只想品尝最简单的原味。就像此刻的我，吃着只有盐及紫苏佐味的白米饭，竟能感受到味蕾与心灵深处所激荡出的美丽火花……

不论哪个季节，院子里总会种上一两盆紫苏，有时是红紫苏，有时则是绿紫苏。前阵子绿紫苏又产生虫害，一向不用化学药剂的我，索性就将整盆绿紫苏都送给了虫虫家族。前几日在盆栽店铺看见了茂盛的绿紫苏，又一时嘴馋地想起炸天妇罗、紫苏沙拉及紫苏寿司。又想起那一群爱将绿紫苏蚕食鲸吞的虫虫们，心里虽说有点儿犹豫，但终究还是敌不过那想解馋的渴望。

抱回的绿紫苏叶片硕大繁茂，趁着早晨浇水之际稍稍修剪了一下，而修剪的叶片理所当然成为我的午餐。小暑过后的夏天，天气愈见酷热，开胃的紫苏梅饭或是味道清新的紫苏寿司将会是午餐的最好选择。忙完了前院的例行工作之后，我走到后院，一推开门就看见了红紫苏，便随手采摘一些叶片，想为早晨忙碌的自己泡壶紫苏茶。

红紫苏梅饭

材料

红紫苏叶（5~6片）、白米（1杯）

做法

1. 先将2~3片红紫苏叶泡成茶水。
2. 将米洗净后倒入等量的红紫苏茶水，并放入2~3片红紫苏叶。等电饭煲开关跳起，紫苏饭就完成了。可以配上腌渍紫苏梅，风味更显独到。

一整个上午手边的工作毫无停歇，猛一抬头才惊觉已近正午时分。赶忙停下手边工作的我，这时才感觉到肚子空空。望着桌角那壶一早就泡好的紫苏茶，竟忙碌到忘了喝，早已放凉，心想就用它来煮紫苏饭吧！将米洗净后倒入凉掉的紫苏茶，并放入两片红紫苏叶。将电饭煲盖上后，一边忙着在冰箱翻找着紫苏梅，一边将绿紫苏的叶片切成末，因为除了红紫苏饭我还想再吃些绿紫苏寿司。趁着紫苏饭炖煮之际，我拿出冰箱内昨夜的白饭稍为蒸煮加热后，加入些许的盐、紫苏醋与绿紫苏末搅拌均匀，用手将米饭压平实后再用模型盖出各种形状，将做好的寿司放在紫苏叶片上，并摆放于白色瓷盘上。雪白盘子衬着鲜绿叶片，霎时仿佛遇见夏天的宜人景致，让人心中顿觉清凉。

当我手握寿司之际，电饭煲的排气口飘散出蒸腾热气。室内缓缓流动着一股淡雅的紫苏气味。忽然想起，橱柜内有一只很久前在莺歌买来的碗，碗身烙印着优雅的樱花图案，木制的碗盖、底座更显出其不凡身价。当时的我即知道，有一天我会有个独属于自己的幸福午餐，当然用的就是这只樱花碗。

缓缓走到后院，铺上桌巾，我用木匙一小口一小口吃着美丽的紫苏饭，清新微酸的口感在舌间回荡许久，虽不具丰富口味，但却深觉此滋味真实且隽永。就像是清粥与白馒头般，让人咀嚼出属于生活的简单况味。试想，生活习惯是否也与饮食习惯类似呢。生活中总有太多的喧哗与纷扰，偶尔我们也需要安静独处，与自己对话找回最初始的内在力量。就如同吃过了口味纷呈、味觉强烈的美味佳肴，偶尔我们只想品尝最简单的原味。就像此刻的我，吃着只有盐及紫苏佐味的白米饭，竟能感受到味蕾与心灵深处所激荡出的美丽火花。

绿紫苏寿司

材料

绿紫苏叶（5~6片），白饭（2碗），紫苏醋或米醋（些许），盐（些许）

做法

1. 将白饭拌入些许的盐、紫苏醋与绿紫苏末搅拌均匀。
2. 用手将米饭压实后再用模型盖出各种形状。
3. 将做好的寿司放在绿紫苏叶片上即完成。

2 紫苏蛋包饭

最喜欢做的一件事就是利用冰箱的零星食材与后院的香草变出属于自己的料理，总觉得这样才有趣。若是全依照食谱书来做，仿佛就少了些什么，乐趣或者创意？就像此刻，忽然就想用番茄糊写下“herb”……

材料

绿紫苏叶（3~4片），白饭（1~2碗），鸡蛋（2个），紫苏醋或米醋（适量），盐及番茄酱（皆适量）

做法

1. 在白饭中拌入些许的盐、紫苏醋与绿紫苏末搅拌均匀。
2. 打蛋液，在平底锅中运用微火将蛋液煎成蛋皮。
3. 将绿紫苏饭放在蛋皮上并包裹起来。
4. 可用番茄酱画上图形或写字。

吃完午餐的紫苏料理，走回工作室想继续早上未竟的工作，坐定后打开昨夜新买的CD，一片由日本疗愈系钢琴家所演奏的钢琴音乐诗《如诗般宁静》。按下“Play”（播放）键，琴音悄悄流泻，一串串缓慢敲击的音符却让我的心震颤感动良久。闭上双眼，双耳聆听，我想午后我势必无法再进行手边的工作了，只想沉浸在这样如诗的宁静里。偶尔睁开眼，看见窗外的蓝天白云以极从容优雅之姿游移变幻着。思绪突然飘回童年，就读小学的我当时在学校有份特别的工作，每天都必须仰望天空的云朵，记录云朵的名称及形状，到现在依稀记得有高积云、卷积云。不晓得是否也因如此，时至今日我依旧喜欢观望天空及云朵，总觉得变化莫测的它们是在诉说着不同的动人故事，我很希望能听懂它们之间的喁喁私语。

将音乐开到最大音量，我想到花园摸摸花草、吹吹风、听听音乐。夏天的花园几乎呈休眠状态，环顾四周只剩下不到十种的香草，此际只有夏堇、马齿牡丹及蓝星花卖力地绽放着，为我的夏日花园制造些缤纷的意趣。摘些甜叶菊、马鞭草、香茅为自己泡壶下午茶。耳际的钢琴乐音依旧低诉，间或传来不远处的蝉鸣。微风轻拂双颊，闭上双眼假寐，感觉自己的嘴角正在扬起。此刻，心灵感受到最深层的舒缓，仿佛看见内在的自己与我并肩坐着，一个午后安适惬意地度过。

天光有点暗了，也感觉到有点儿饿。想起中午还有些绿紫苏寿司饭，那么就煎片蛋皮包起寿司饭，再淋上番茄酱，不就成了紫苏蛋包饭了嘛！总觉得自己做料理有点儿兴之所至，有时毫无章法可循。最喜欢做的一件事就是利用冰箱的各种零星食材与后院的香草变出属于自己的料理，总觉得这样才有趣。若是全依照食谱书来做，仿佛就少了些什么，乐趣或者创意？就像此刻，忽然就想用番茄糊写下“herb”。紫苏蛋包饭，好特别的滋味，是幸福吧，我想。

忽想起今日餐餐都有紫苏，不晓得明天早晨起床，我会不会变成一株紫苏呢？微笑地问自己，是红紫苏还是绿紫苏呢？

03
奥勒冈系列

奥勒冈是原产于地中海的香料植物，又称比萨草，是欧洲人做比萨（Pizza）时不可或缺的香草植物。其稍为浓郁的香气与番茄及蔬菜搭配也很合宜，是意式料理中常常使用的料理配角。

奥勒冈

英文： Oregano

学名： Origanum vulgare

别名： 牛至、比萨草、野马约兰

栽培： 适宜日照明亮环境，但夏天宜稍遮阴。喜排水性良好土壤，避免底部积水

运用： 茶饮、蔬菜、汤品、豆类、各式肉类

好伙伴： 乳酪芝士、番茄、玉米、土豆、洋葱、蘑菇

① 奥勒冈彩椒意大利面

虽然是一个人的午餐，对我而言氛围营造还是必需的。秋阳暖暖，就在花园用餐吧！

望着花园墙角那白色吊盆里的奥勒冈，略小的叶片在叶梢处有着优雅的圆弧。许久未曾修剪了，任其肆意地伸展着枝蔓，随风摇摆的模样好看至极。于是信手拈来几枝，想做道意式面食。走进屋内，阳光洒落厨房窗台边，倚窗藤篮里的那只红椒，在秋阳的映照下更显饱满红艳。今天中午就决定将它们配对，在橄榄油的催化与激荡下，期待它们能撞击出不一样的火花，为味蕾开启不同的滋味。

虽然是一个人的午餐，对我而言氛围营造还是必需的。秋阳暖暖，就在花园用餐吧！布置餐垫、餐巾、餐具；按下“Play”键，小野丽莎慵懒的嗓音吟唱着Bossa Nova的曲子，在缤纷花朵绽放及香草气息弥漫的后花园，一个人的幸福午餐满是愉悦。

材料

奥勒冈叶片（1枝），意大利面（100 g），洋葱（半个），甜椒（半个），新鲜香菇（3朵）

调味料

盐（少许），研磨黑胡椒粒（少许），橄榄油（少许）

做法

1. 煮一锅热水，加入些许盐，用中小火将意大利面煮约八分熟后，捞起并淋上些许橄榄油。
2. 将洋葱、甜椒、香菇随性切成大小不一的片或块状。在锅中倒入橄榄油，热锅将洋葱先炒香，续加入甜椒及新鲜香菇片拌炒，并加入适量的盐及黑胡椒粒调味。
3. 将煮约八分熟的意大利面倒入炒锅中，添加适量的开水焖煮约3 min。
4. 最后加入奥勒冈叶片拌炒一下，待奥勒冈叶片的香气散出即完成这道清新爽口的面食。

② 奥勒冈泡面堡

看着宝贝吃得津津有味，而我则感受到齿颊间的奥勒冈与口感强烈的泡面，正在舞着美妙的味蕾协奏曲……

翻阅着一本香草指南书，里面写着奥勒冈（Oregano）的发音是源自希腊语“Oros ganos”，而其含义则为“山中的喜悦”。因为夏天的希腊山坡上，成片的奥勒冈迤逦盛放，空气中弥漫着阵阵独特的香气，而据说这气味象征着“快乐”。

不晓得是受背景故事所影响，还是墙角那盆奥勒冈随性自在生长的叶片姿态着实吸引了我，使我对它有着一股莫名的喜爱。而奥勒冈还有几个不同的别称，如牛至及比萨草，顾名思义其与比萨的食材，如番茄、乳酪等一定味道特别契合。

看着奥勒冈枝条蔓延生长的速度实在好快，想想除了添加在比萨里，还能做些什么料理呢？忽然想起偶尔早餐会买来7-11的大亨堡做三明治给孩子们当早餐，前些日子好像在杂志里看到有人将炒面放到大亨堡里，兴之所至想如法炮制，最后再加入几片奥勒冈的叶片拌炒一下，我想滋味应该很特殊。将炒面改成泡面，然后开始在冰箱里翻找可用的食材，有1/4个卷心菜、一小块胡萝卜及半个洋葱，全部都切成丝一并下锅炒吧！

听到锅中传出的吱吱声响，还有洋葱的香气，在客厅看电视的宝贝忽然飞奔至厨房，说道：“妈咪！我来炒。”看他认真地炒着，偶尔还开心练练甩锅，我的嘴角不禁扬起笑容。接着他问道：“炒好放哪呢？”我回道：“就包在大亨堡里。”看他满脸的惊讶，接着说道：“这样吃很特别啊！”于是母子俩合力将泡面大亨堡完成，坐在客厅的桌上，一人一半分着吃。看着宝贝吃得津津有味，而我则感受到齿颊间的奥勒冈与口感强烈的泡面，正在舞着一首美妙的味蕾协奏曲。这个午后我感到惬意至极，因为有奥勒冈，因为有宝贝儿子。

材料

奥勒冈叶片（2枝），泡面（1包），大亨堡（1个），卷心菜、胡萝卜、洋葱（蔬菜方面可视个人喜好调整）

调味料

盐（少许），胡椒粉（少许）

做法

1. 先用热开水将泡面泡开，倒掉水分捞起面条。
2. 大亨堡先用烤箱或微波炉加热。
3. 热锅先将洋葱炒香，接着放入胡萝卜及卷心菜拌炒一下，将泡面放入锅中并加入适量的盐及胡椒粉调味，最后加入奥勒冈叶片拌炒一下。
4. 将3的食材放入大亨堡中即完成。

3 奥勒冈比萨

只需在烤箱的“当”声响起，而室内也缓缓流动着焗烤的奶油香气时，轻轻在孩子耳边唤着“比萨烤好啰”，仿佛魔咒般，孩子即刻起身梳洗、更衣……

冬日清晨，温暖的被窝最为我所眷恋。然而，此际我却必须起身为孩子准备早餐，但想起昨晚预先炒好的蔬菜馅料，不禁愉悦起身，因为我只需将此馅料放在吐司上并铺上焗烤芝士丝送入烤箱，孩子们就能吃到既营养又丰富的现烤香草比萨了。

这是一道不让孩子赖床的魔法料理，只需在烤箱的“当”声响起，而室内也缓缓流动着焗烤的奶油香气时，轻轻在孩子耳边唤着“比萨烤好啰”，仿佛魔咒般，孩子即刻起身梳洗、更衣；而后开心地坐在餐桌前一口口食用着属于他们的幸福。而我只需在前一晚将市售的冷冻综合蔬菜丁或是冰箱里的零星食材炒热，加上适量的盐、黑胡椒粉调味，待凉后放入冰箱冷藏。隔天一早，将吐司先抹上一层番茄酱，接着放入前一晚炒好的备料，并加入切片的橄榄、新鲜的奥勒冈叶片或市售香料，最后撒上芝士丝再送入烤箱，经5~8 min待表面呈金黄色即完成。

不需要繁复的和面粉、揉面团的过程，一片吐司、一些冰箱里的零星蔬菜，也能满足偶尔想要吃片现烤比萨的渴望，而且热量、营养兼具。冷冷的冬日早晨，一片简单的香草比萨，就让孩子的脸庞书写着幸福开心上学去。

材料

奥勒冈叶（1~2枝），厚片吐司（1片），洋葱（1/6个），橄榄（1~2颗）切片，焗烤芝士丝（适量），综合蔬菜丁或是青椒、蘑菇皆可（些许）

调味料

番茄酱（少许），盐（少许），黑胡椒粉（少许）

做法

1. 将洋葱爆香后，陆续加入综合蔬菜丁或青椒、蘑菇等，并加入适量的盐及黑胡椒粉调味，即完成比萨的备料（当然你也可以加入自己喜爱的火腿丁或是其他蔬菜）。
2. 在吐司上先抹一层番茄酱，接着放上炒好的备料，加入切片的橄榄、新鲜的奥勒冈，最后撒上芝士丝再送入烤箱，经5~8 min待表面呈金黄色即完成（奥勒冈叶片也可以用市售的干燥香草末代替）。

04 百里香系列

百里香
英文：Thyme
学名：Thymus mongolicus
别名：麝香草
栽培：需充足日照的环境，但夏天宜稍微遮阴。有直立及匍匐两大类，匍匐性的可当地被植物。因品种不同，会开出白色、粉紫色等不同颜色细碎花朵，成片绽放相当迷人
运用：茶饮、沙拉、蔬菜、汤品、羊肉、牛肉，是香草束的必备材料之一，更是法式炖菜中不可或缺的材料
好伙伴：菇类、洋葱、番茄、茄子、土豆
（下面的料理中采用的均为柠檬百里香）

1 墨西哥香草炸菇卷&墨西哥香草鲜菇卷

炎炎夏日来份“DIY轻松卷”，佐一杯冰凉的薄荷柠檬冰茶，光是想象那个画面心中就升起愉悦的感受……

墨西哥卷饼是墨西哥的传统食品。利用面粉与水做成的薄饼皮，饼皮中央可包裹鱼、肉或蔬菜类，然后再加些调味料卷成长条状就做成了墨西哥卷饼。前几年台湾兴起轻食料理热潮，连知名的食品连锁店也卖起由墨西哥饼皮卷成的“异国轻松卷”，而且卖相颇佳，儿子每回都得吃上两卷方展笑颜。当下的我心里早盘算着改天一定要自己试试其他口味。

前些日子上网找到了一家专卖墨西哥饼皮的食品店铺，饼皮的口味可真是丰富，有原味、咖喱、菠菜及辣味的，于是除了辣味其余我各买了一包。商品到货的那晚，宝贝们早就迫不及待想吃了。于是拿起平底锅开始用微火加热，加热至两面微微焦黄，包起冰箱里的烟熏鲑鱼、洋葱丝及酸豆，看着他们开心地吃着“DIY轻松卷”，满脸洋溢着幸福的笑容。

第二天我也跃跃欲试想做新口味的卷饼，到超市采买了一些新鲜菇类，如杏鲍菇、香菇、美白菇，我想用菇作为卷饼的主食材再搭配些香草及辛香料。回到家拿出原味及菠菜饼皮，我想做两种不同的口味，一种是百里香搭配菠菜饼皮的做法，另一种是奥勒冈搭配原味饼皮的做法，两种做法在下面一起介绍。原味卷饼里有莴苣、紫洋葱丝、用面包粉炸过的杏鲍菇及后院采来的新鲜奥勒冈，为了平衡油炸的重口感，我加了两小匙自己调的香草酸奶酱，让风味显得更为清新。而菠菜卷饼包裹的将搭配食材小炒一下，又是一个不同风味的“DIY轻松卷”。

其实墨西哥卷饼的吃法非常多样，就算是不喜肉食的我也可尝试很多口味组合。除了菇类还可以时蔬为主食材，例如甜椒、黄瓜等搭配芝士；或是水果类如番茄、奇异果、苹果等搭配酸奶。炎炎夏日来份“DIY轻松卷”，佐一杯冰凉的薄荷柠檬冰茶，光是想象那个画面心中就升起愉悦的感受。

墨西哥香草炸菇卷

材料

奥勒冈（1~2枝），墨西哥卷饼皮（1~2片），杏鲍菇（2朵），莴苣（1~2片），紫洋葱（1/6个），番茄（2~3片），蛋液（适量），面包粉（适量）

调味料

荷兰芹酸奶酱（做法见第40页）

做法

1. 将莴苣叶洗净、洋葱切丝、番茄切片备用。
2. 将杏鲍菇对切成长条状，蘸蛋液及面包粉下锅油炸。
3. 将原味的墨西哥卷饼皮，用平底锅微火加热至两面微微焦黄即可。
4. 将烤过的饼皮放上莴苣叶及洋葱、炸杏鲍菇、番茄及奥勒冈叶片。
5. 淋上自制的香草酸奶酱，而后卷起即完成。

墨西哥香草鲜菇卷

材料

百里香（1~2枝），墨西哥菠菜卷饼皮（1~2张），新鲜香菇（2朵），洋葱（1/6个），奶油（适量）

调味料

盐（少许），黑胡椒粉（少许）

做法

1. 将新鲜香菇、洋葱切成小丁。
2. 热锅将奶油融化后，放入洋葱丁炒香，待稍微软化后再放入香菇丁拌炒一下，加入适量的盐及现磨黑胡椒粉调味。
3. 最后撒上百里香叶片，即可关火。
4. 将炒好的料放入饼皮中央卷起即完成。

2 百里香焗烤蘑菇

打开电视的旅游频道，意外看见“跟着大厨游地中海”的料理节目，我的心竟也跟着大厨神游至地中海。闭上眼仿佛来到蔚蓝海岸，在海滩上铺着坐垫，与孩子们一起食用百里香焗烤蘑菇……

晨起在花园浇水时，与百里香的对话总会多一些。喜欢轻轻抚摸其小巧的叶片，于是双手总沾满其略带点柠檬味的清新气息。百里香富有多种意义及神话传说，而其中最令我动容的一则即是，传说特洛伊战争时死伤无数，而在此际女神维纳斯从天而降，流下了伤心的泪水，而泪水瞬间化为百里香的叶片。所以百里香的叶片细小成串，有如一颗颗珍珠般的泪水；而其叶片有着淡淡的柠檬香气，不仅帮助消化，并有防腐及杀菌的功效；除了茶饮，与各式的食材结合，也都能展现其特殊风味。

孩子们总特别钟爱焗烤料理。尤记得有一回到餐厅用餐，上了一道“焗烤蘑菇”，用圆形烤盘盛装，而烤盘只有六只小洞，于是每人只吃到一朵。对嗜吃焗烤食物的孩子们而言，真是意犹未尽。今天就决定给孩子们一份意外惊喜，吃到饱的焗烤蘑菇。而我决定用新鲜的百里香叶片与蘑菇结合，烘烤过后的蘑菇与略带柠檬气息的百里香，我想一定能产生美妙无比的风味。

材料

蘑菇（6朵），洋葱（1/6个），百里香叶片（3~4枝），奶油（适量），焗烤芝士（适量）

调味料

盐（少许），黑胡椒粒（少许）

做法

1. 将蘑菇对半切开，洋葱则切成末，并将烤箱预热至200℃。
2. 在平底锅中将奶油融化后，放入洋葱末炒香，接着放入蘑菇将两面煎至微微焦黄，加入适量的盐及黑胡椒粒调味。
3. 将煎好的蘑菇放入烤盘内，撒上百里香叶片后铺上焗烤芝士丝。
4. 放入预热的烤箱烤5~10 min，待表面呈金黄色即完成。

05
鼠尾草系列

鼠尾草

英文：Sage

学名：Salvia officinalis

栽培：需日照充足明亮的环境，但夏天宜遮阴。
土壤宜排水性良好，避免底部积水

运用：茶饮、蔬菜、汤品、各式肉类

好伙伴：洋葱、番茄、豆类、乳酪

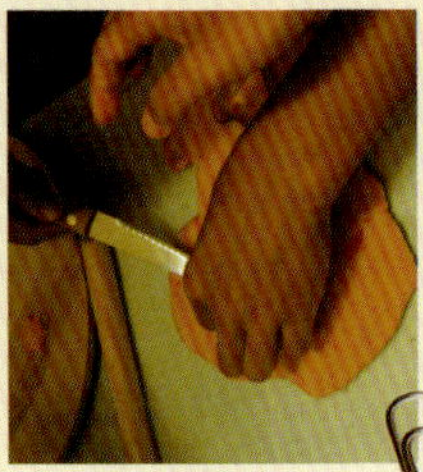

学做面疙瘩

看着他们开心且卖力地和面团，仿佛儿时在玩黏土般，时而专注时而欢笑的表情，让我不禁拿起相机将他们一一入镜作为记录。此刻，我沉浸在亲子互动的幸福氛围中……

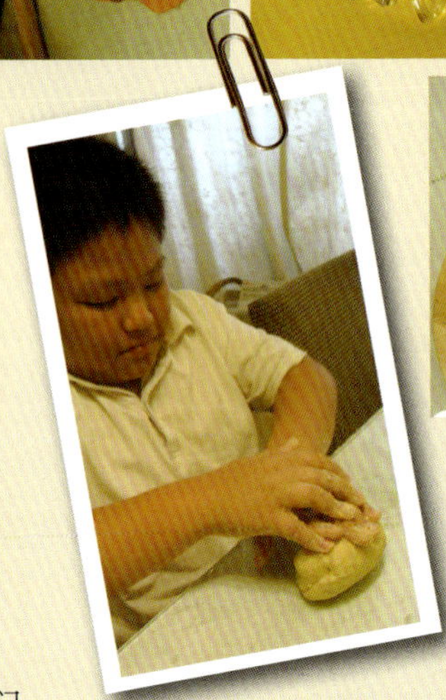

长长假期的开端，又是我与孩子们玩烹饪游戏的开始。今天参与游戏的有宝贝儿子及几名就读小学及高中的侄子。吃完早餐后，我们在超市逛逛挑些今天所需的食材，做些什么呢？想起上回与他们玩做面条，他们开心的模样还历历在目，于是当下决定今天换玩面疙瘩吧！买了一包高筋面粉、一盒鸡蛋还有几颗土豆，想起后院茂盛的鼠尾草，午餐菜单就定鼠尾草面疙瘩吧。孩子们总爱吃浓郁的奶油酱汁，于是又拿了瓶新鲜牛奶及鲜奶油准备调制面疙瘩的奶油酱。

回到家之后，孩子们跃跃欲试，于是我们分工合作，先煮沸一锅要烫土豆的水，宝贝儿子则将土豆去皮切块。此时我打开冰箱看见两条胡萝卜，灵机一动说道：“不妨也来做个胡萝卜口味的面疙瘩！”于是宝贝开心地将胡萝卜接走，迅速地去皮切块丢入正沸腾的锅中。接着只要等锅中的土豆及胡萝卜熟透后，将之捣成泥便可以开始和面团。趁着空当一群小朋友七手八脚地边整理待会儿要和面团的工作桌，边将面粉打开称重并打蛋液备用。原本就不大的厨房，此刻连错身都显得局促，满屋洋溢着欢乐气氛。20多分钟后，空气中弥漫着一股清香的蔬菜气息，我起身将炉火关闭，捞起锅中熟透的土豆及胡萝卜放凉并捣成泥。

开始和面团啰！一声令下孩子们全都冲去洗手，接着围了过来，迫不及待地想在不大的空间中占得一席可和面团的地盘。这画面令我发笑，却也期待他们会玩出什么样的面疙瘩。各就各位开始啰！看着他们开心且卖力地和面团，仿佛儿时在玩黏土般，时而专注时而欢笑的表情，让我不禁拿起相机将他们一一入镜作为记录。此刻，我沉浸在亲子互动的幸福氛围中。

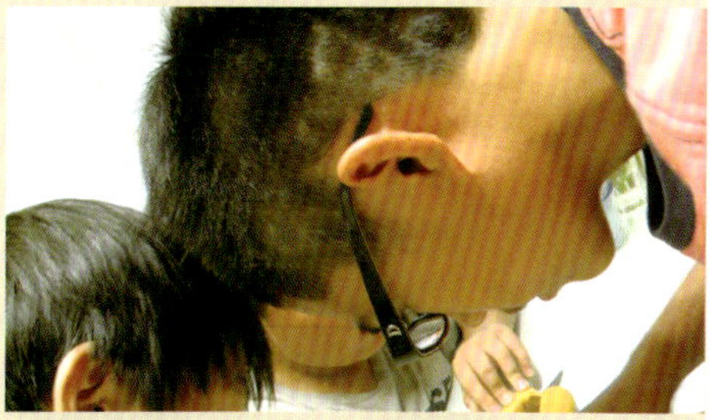

每隔一段时日，我总会和孩子们一起做面条或面疙瘩，我们边在餐桌上工作，边闲话家常或聊聊学校点滴或听他们天马行空的话语。从孩子们小时候我就喜欢让他们在厨房当我的小帮手，从洗菜、刨皮、打蛋花开始，后来也试着让他们切菜或者牛刀小试地炒两下，于是大儿子从小学三年级开始就会自己下面、煮水饺，至今小五的他，已会自己翻冰箱的食材配料、配色并调味，还练起翻锅的功夫，不一会儿就变出一道菜肴。他的料理常常令我感到惊讶，一如他的创意。

和面团的团队中，忽然响起："我们来做有造型的好不好？"于是他们将胡萝卜面团用擀面棍擀平，利用饼干模型压出不同的形状，忽然又冒出一个声音："我们来做ABC字母好不好？"于是又开始用小把菜刀一一刻下几个英文字，贴心的侄子对我说："我帮你刻你的英文名字Julia。"就这样他们沉醉在今天我精心安排的烹饪游戏的欢乐中，他们的笑声与话语，为自己的童年留下美丽的印记，也带给我一段快乐的午后时光。

自己动手做造型

1.先将面团擀平。

2.再用小刀刻出字母形状或用饼干模型盖出字母造型。

面疙瘩做法

StEP BY StEP

1. 将土豆去皮切块，用滚水加适量的盐煮至熟烂后捣成泥（或用榨汁机打亦可）。传统的面疙瘩大都运用土豆粉或新鲜土豆来制作，但也可以将土豆改为其他种根茎类、绿色时蔬或香草植物，比如胡萝卜、南瓜、菠菜、罗勒。
2. 将高筋面粉（250 g）、蛋（1个）、土豆泥（500 g）加入适量的盐、黑胡椒粉拌匀并和成面团状，持续用手来回将面团慢慢和，经20~30 min，待揉出弹性后，将面团放入碗中，并用保鲜膜封好，放至冷藏室醒约3 h。
3. 取出醒好的面团，捏起一小块并揉成长条，再切成小块状，或任何造型皆可。
4. 准备一锅水，煮沸后加入适量的盐，将面疙瘩放入，待面疙瘩浮出水面后，再续煮3~5 min即可捞起备用。

接下来看看我们将把面疙瘩变成什么样的料理呢？

① 奶油鼠尾草面疙瘩

首先是奶油的香气，隐约伴随着鼠尾草的独特气息，然而面疙瘩的口感也非常扎实且带有咬劲……

结束了一个下午的烹饪游戏，孩子们个个躺在沙发上或休息或看电视。正在烹煮面疙瘩的锅子白烟氤氲。也在此刻，家里意外地多来了几位访客，是年纪稍长的侄子与侄女来访，原来他们也尚未用餐，饥肠辘辘的表情写在脸上。于是我开始准备食材，想煮两道不同口味的面疙瘩，一道是奶油鼠尾草面疙瘩，一道是用橄榄油清炒的面疙瘩。一来既吃得到浓郁的奶油又能品尝橄榄油清炒的轻盈口感，二来也赋予面疙瘩多样的料理方式。

将大蒜及洋葱切末，到后院剪下几株鼠尾草洗净备用。热锅后将奶油融化，续放入蒜末及洋葱末炒香，再放入烫熟的面疙瘩（土豆、胡萝卜口味的各半），边拌炒边放入适量的盐及黑胡椒粉调味，接着倒入鲜奶油及鲜奶，用中小火慢慢煮至汤汁稍为收干，最后放入新鲜的鼠尾草叶片拌炒一下即可起锅。

此刻，在一旁的侄子早就迫不及待地拿起汤匙先从锅中舀一口品尝起来。“嗯！好浓好好吃。”我将面疙瘩盛入盘中拿到客厅桌上，孩子们拿起汤匙你一口我一口开心地吃起来。浓郁的奶油酱让他们个个赞不绝口。看着他们陶醉的表情，让我不禁也品尝一口。首先是奶油的香气，隐约伴随着鼠尾草的独特气息，然而面疙瘩的口感也非常扎实且带有咬劲。看着一群孩子吃得心满意足，微扬的嘴角仿佛开出一朵朵灿烂的花朵。

材料

鼠尾草（1~2枝），面疙瘩（1大碗），大蒜（2~3瓣），洋葱（1/4个），鲜奶油及鲜奶（些许），奶油（适量）

调味料

盐及黑胡椒粉（少许）

做法

1. 热锅将奶油融化后，放入大蒜末及洋葱末炒香。
2. 接着放入烫熟的面疙瘩，并加入适量的盐及黑胡椒粉调味。
3. 倒入鲜奶油及鲜奶，比例约为2：1［若全为鲜奶油怕口感太腻，所以加入鲜奶稍为稀释；但也可视个人喜好调整比例，或是放入自制白酱（做法见第127页）亦可］。
4. 用中小火慢慢煮至汤汁稍为收干，最后放入新鲜的鼠尾草叶片拌炒一下即可起锅。

② 鼠尾草豌豆面疙瘩

吃过了奶油的厚重口味之后，试试清炒的造型面疙瘩，嘴里当下感到一阵轻盈……

吃完了浓郁的奶油面疙瘩，接着要清炒一道鼠尾草面疙瘩，用的是胡萝卜口味且有各种造型的面疙瘩。因为这道菜是临时起意，所以并未事先准备配料，在冰箱左翻右找终于在冷冻库找到了冷冻豌豆。倒入些许的橄榄油，接着放入蒜末、洋葱丝及鼠尾草叶片拌炒，待炒出香气后即放入造型面疙瘩及豌豆，接着加入适量的盐及黑胡椒粒调味，倒入少量的水，待汤汁收干后就完成了。选了白色瓷盘来装盘，因为这道菜有着鲜明的颜色对比，而多种造型的面也令这道菜多了生动活泼的气息。贴心的侄子不只刻了“Julia”送给我，还在盘缘处排上了“Julia”的字样，此举让我感到舒心且温暖。

然而侄子的举动也让我有了其他的想法。我想家中有挑食孩童的妈妈，若是也与孩子们同玩面疙瘩游戏，可以请他们自己盖模做造型，刻下自己的英文名字。我想当主食上桌时，他们一定兴奋地一口一口“吃下自己”，已顾不得是不爱吃的胡萝卜或南瓜口味了。也可亲手下厨为自己心仪的对象或亲密伴侣做这道料理，从揉面团、镂刻名字到完成料理；接着将对方的名字摆在盘子中央，铺上桌巾、蜡烛、鲜花，斟上一杯餐前酒，将你精心准备的“爱心面”摆放于餐桌上。我想这应该比昂贵的星级料理更令人难忘。

吃过了奶油的厚重口味之后，试试清炒的造型面疙瘩，嘴里当下感到一阵轻盈；却也因为面皮擀得较薄，几无胡萝卜的味道，所以虽无面疙瘩的扎实咬劲，但软硬适中的面条与豌豆所激荡出的气息，却也让我不禁沉溺。

材料

鼠尾草（1枝），面疙瘩（1小碗），大蒜（1瓣），洋葱（1/6个），豌豆（1~2大匙）

调味料

盐及黑胡椒粉（少许）

做法

1. 热锅后放入蒜末及洋葱丝炒香。
2. 接着放入鼠尾草叶片拌炒，待炒出香气后即放入面疙瘩及豌豆。
3. 加入适量的盐及黑胡椒粒调味，倒入少量的水，待汤汁收干后就完成了。

6 迷迭香系列

迷迭香

英文：Rosemary

学名：Rosmarinus officinalis

别名：海水之露、圣马利亚的玫瑰

栽培：适宜阳光明亮、通风性佳的环境，土壤宜排水良好

运用：茶饮、蔬菜、豆类、菇类、蛋类、各式肉类

好伙伴：洋葱、番茄、土豆、奶油吐司、羊排

①迷迭香烤土豆

我总爱隔着烤箱的透明玻璃门望着在暖黄灯光下烘烤的土豆，喜欢看着泛着微微焦黄的土豆块与不时鼓动的小水花。此刻，总隐约听见从烤箱内传来的吱吱声响……

迷迭香是我最爱的香草之一。喜欢它不需太多的关注即能挺挺地茂密生长；喜欢它独特且浓郁的气息；喜欢它不论运用于料理、手作还是布置，皆能有最好的展现。但最吸引我的是流传许久的几则关于迷迭香的传说故事，以及它美丽的别称“圣马利亚的玫瑰”。

院子里最大棵的迷迭香，记得是从旧居迁移至此，随着时光的流逝，从原本的15 cm盆，到20 cm盆，一路换到目前的大花盆，同时植株高度也增长不少。走过四季递嬗发现这盆迷迭香陪我最久。

时序虽已过夏至，但最近的天气诡谲多变，上午阳光温暖舒适地洒落屋内，到了近午，却炙热得令我无法消受。下午三四点，天光却又蓦地昏暗，隐约听见闷闷的雷声在云层里隆隆作响，不一会儿光景，屋顶响起大珠小珠落玉盘的声响。不稳定的天气也间接影响了我的心情与食欲。懒得动锅大张旗鼓料理时，我会先将烤箱预热，取出冰箱的土豆用刨刀慢慢地将外皮去除，而在去皮的过程中，看着在刨刀一来一回之下散落料理台的土豆皮，也说不上来为什么，阴暗的心情总在这个过程中一点一滴消逝了。

每回做这道料理时，我总爱隔着烤箱的透明玻璃门望着在暖黄灯光下烘烤的土豆，喜欢看着泛着微微焦黄的土豆块与不时鼓动的小水花。此刻，总隐约听见从烤箱内传来的吱吱声响。光是视觉感受，迷迭香烤土豆已全然挑动起我的食欲。土豆含有丰富的淀粉，吃上一两个即能产生饱足感，与迷迭香又非常契合。经过橄榄油及新鲜迷迭香慢烘后的土豆，在入口时仿佛也感受到大自然的温暖气息。我喜欢在烤完准备食用时，再撒上一些迷迭香的叶片，让每一口都吃得到土豆与新鲜迷迭香叶片，两种食材融合的味道非常耐人寻味。

材料

迷迭香（3~5枝），土豆（2个）

调味料

盐（少许），研磨黑胡椒粒（少许），橄榄油（少许）

做法

将土豆去皮切片或切块，放入烤盅内，再加入适量的香草盐、研磨黑胡椒粒及橄榄油，倒入盖过食材的开水及3~5枝迷迭香，送入预热至200℃的烤箱内，烤至水分收干即完成。

② 迷迭香烤香菇

轻咬一口，烤菇的鲜美汁液在齿颊间轻轻飞舞；再咬一口，辣椒及蒜末的鲜明口感在舌尖翻滚跳跃……

近年来信奉蔬食主义的我，也特爱各式各样的新鲜菇类，蘑菇、新鲜香菇、杏鲍菇、鸿禧菇，都常成为我的餐桌佳肴。菇类的营养成分众所皆知，除了含有高分子多糖体及蛋白质，还能提升人体的免疫能力。我喜爱将各式菇类与不同的香草植物结合，香气各异的香草能引领出菇类不同的细腻风味与口感。

近午到餐馆用餐，顺便到附近的传统市场逛了一圈，买回了一包新鲜香菇，想与后院茂盛的迷迭香一起烘烤。这念头一出现，即刻仿佛就嗅闻到从烤箱飘散出糅合了阳光与微风的大地气息，再也禁不住这诱惑立刻打道回府。

一阵忙碌，终于将这盘美丽的迷迭香烤香菇做好。端坐后花园，耳畔听着前几日才买回的爵士乐音碟，望着令人垂涎的迷迭香烤香菇。轻咬一口，烤菇的鲜美汁液在齿颊间轻轻飞舞；再咬一口，辣椒及蒜末的鲜明口感在舌尖翻滚跳跃，伴随着淡淡的迷迭香气息，口感真是绝妙无比。在视觉上，丰富的红绿对比色，俨然是一道餐桌上最吸引目光的别致风景。

Tips

这道迷迭香烤香菇适宜作为家中有宴客或聚会场合时的开胃前菜。而除了新鲜香菇，也可将主角换成杏鲍菇。

材料

迷迭香（3~5枝），鲜香菇（10~12朵），红辣椒（2~3个），大蒜（3~4瓣），奶油（适量）

调味料

盐（少许），黑胡椒粒（少许），橄榄油（少许）

做法

1. 将红辣椒、大蒜切末与迷迭香叶片一起放入研磨钵中，加入适量的盐、黑胡椒粒及橄榄油用捣杵将之捣碎后备用。
2. 新鲜香菇洗净后去除蒂头并用小刀划义以使其易入味，将1中做好的材料放入香菇凹槽内，最后在每朵香菇上添加些许奶油。
3. 放入预热至200℃的烤箱内，烤15~20 min即完成。上桌前可用新鲜迷迭香小枝条插在菇身上，让这道料理饶有情趣。记住，别烤得太过干瘪，以免丧失其鲜甜的水分。

07

荷兰芹系列

荷兰芹
英文：Parsley
学名：Petroselinum crispum
别名：巴西利、西洋芹、欧芹
有平叶及卷叶两种，平叶的又称意大利芹，卷叶的又称法国芹
栽培：适宜阳光明亮半日照的环境，避免土壤过于干燥
运用：沙拉、蔬菜、汤品、蛋类、鱼肉。卷叶型多用于摆盘装饰。荷兰芹是香草束及众多调和酱料的基本食材之一

①荷兰芹蔬菜炖饭

冬日午后，室内弥漫着浓浓的奶香，独自沉浸在静谧的氛围中。送入一口炖饭轻轻咀嚼着，感受着意大利米粒的圆润口感，芦笋尤漾着清新气息……

近日气温骤降，坐在室内偶尔都能听到窗外呼啸而过的风声、雨水落地的“吧嗒”声，冬天是真的来临了。这样的天气，让我想吃碗暖呼呼的意式炖饭。但寒风嗖嗖地着实不想出门，打开冰箱看看有些什么可用的食材，几根芦笋，几朵鲜菇，切半的洋葱。好吧！那就来道奶油芦笋鲜菇炖饭。

喜欢芦笋的外形，纤细身材、翠绿色泽，仿佛是位清秀佳人；而论其营养价值，富含绿叶素，可帮助提高身体的免疫能力。芦笋的料理方式也很多样化。炎夏时，我喜欢将芦笋蛋沙拉作为开胃前菜，而日式芦笋手卷清新的蔬菜气息，更是全家人的最爱。在寒冷冬日，泛着奶香的芦笋炖饭最能抚慰一颗等待温暖的心。

冬日午后，室内弥漫着浓浓的奶香，独自沉浸在静谧的氛围中。送入一口炖饭轻轻咀嚼着，感受意大利米粒的圆润口感，芦笋尤漾着清新气息，大块的鲜菇除了保有菇类的独特味道，浓郁的汤汁还不时地从内里缓缓流泻而出，嘴里溢满着幸福之感。

材料

荷兰芹（1小枝），芦笋（3~5根），新鲜香菇（2~3朵），洋葱（1/4个），意大利米（1杯）

调味料

奶油（少许），芝士粉（少许），盐（少许）

做法

1. 将洋葱切末、鲜菇切块、芦笋切段、荷兰芹1小枝洗净备用。
2. 在锅中倒入适量橄榄油，先将洋葱炒香，续加入鲜菇拌炒，并加入适量的盐调味。
3. 接着加入一杯意大利米拌炒均匀，加入适量的水或高汤，待水滚开后以小火慢炖，在炖煮的过程中需不时地拌炒以防粘锅。
4. 待米粒约八分熟，放入芦笋及适量的奶油，起锅前再撒上芝士粉及荷兰芹叶片即完成。

2 荷兰芹烘蛋

喜欢用平底锅的文火来烘蛋，吃得到蛋皮微微焦黄的口感，而内里鸡蛋与香草交融的香气也更为浓郁。虽然是一道平凡的家常菜，却常令人回味再三……

这是一道西式家常菜“香草蛋包”，所需的食材及料理方式都非常简单。几个蛋及一些香草末，用平底锅或是烤箱烘烤皆可。这是一道不论单独吃或配白饭都令人百吃不厌的可口菜肴。童年时，最开心看见餐桌上有盘葱花炒蛋或菜脯蛋，浓浓的奶香与绵密的口感搭着米粒的特殊香甜，不一会儿工夫饭锅底已朝天。

鸡蛋是家家户户冰箱里最基本的食材，就连赁屋外宿族的冰箱，虽然物资匮乏但总可以望见零星几个蛋，偶尔煎个荷包蛋或是打个蛋花汤都可以解解馋。而欧美家庭则喜欢将蛋与自家种的香草或蔬果一起烘烤，适合与烘蛋搭配的香草植物有罗勒、荷兰芹、莳萝与奥勒冈等。当然啰！你也可以试试自家院子里的其他香草与蔬果，找出属于自己的家庭食谱。

各种口味的香草烘蛋是我常做的料理。打开后院的门，最先映入眼帘的总是那盆茂盛的荷兰芹。随手拈来几株，再拈来两小株位于一旁的纤弱细香葱，将之漂洗干净并分别切成细末，再打三四个蛋并加入些许盐及黑胡椒粉调味，最后将切好的荷兰芹末放入打好的蛋液中。偶尔我也会加入一些坚果类的杏仁或腰果，增添其丰富的口感。将调好的蛋液放入已热锅的平底锅内用微温慢慢烘烤，或是放入预热200 ℃的烤箱烤约30 min，起锅或烤完后再撒入细香葱末就完成香草烘蛋了。虽然烤箱比较省事，但我喜欢用平底锅的文火来烘蛋，吃得到蛋皮微微焦黄的口感，而内里鸡蛋与香草交融的香气也更为浓郁。虽然是一道平凡的家常菜，却常令人回味再三。

材料

荷兰芹（1~2枝），细香葱（2~3根），鸡蛋（3~4个），坚果类（如杏仁、腰果等，视个人喜好，也可不加）

调味料

盐及黑胡椒粉（少许）

做法

1. 若要加入坚果类，则先热锅将之炒香备用。
2. 打蛋液并加入荷兰芹末及炒香的坚果，适量的盐及黑胡椒粉拌匀。
3. 将2的材料放入加热后的平底锅中以中小火慢慢烘烤，待两面皆烘成金黄色，起锅撒上细香葱末即完成。

08
罗勒系列

罗勒
英文：Basil
学名：*Ocimum basilicum*
栽培：喜好阳光充足的环境，土壤宜肥沃、排水性佳
运用：茶饮、沙拉、蔬菜、蛋类、豆类、各式肉类
好伙伴：大蒜、番茄、茄子、土豆、豌豆、奶油芝士，
是青酱及众多调和酱汁的基本食材之一

①番茄罗勒佐芝士沙拉

这道料理方法简单，口感清新不油腻。在视觉上，鲜艳的红与绿，搭配芝士温暖的米黄色，一种属于秋天的幸福感受，为餐叙揭开完美的序曲……

喜欢橙红鲜艳的番茄色泽，仿佛嗅到金黄色的阳光气息。切开番茄的刹那，一股果香悄悄弥散。接受大自然洗礼的果实，显得丰富柔软、饱满而多汁；而其所富含的番茄红素、维生素C，更能为身体注入丰富的能量。

罗勒是院子里我最青睐的香草植物之一。不管是做抹酱或蘸酱，不论是西式青酱料理还是中式的三杯料理，它总扮演着举足轻重的角色。

这道料理的做法很简单，食用时用刀叉切下包含番茄、芝士及罗勒的一小块一起放入口中，去感受唇齿间的气息，那气息会让你有仿佛行走于田野小径间的感受，心情不自觉地轻松欢愉起来。

这道料理很适合在家中宴客时作为开胃前菜，接近豆蔻香气的新鲜罗勒叶片，还具有开启食欲的效果。这道料理方法简单，口感清新不油腻。在视觉上，鲜艳的红与绿，搭配芝士温暖的米黄色，一种属于秋天的幸福感受，为餐叙揭开完美的序曲。

材料

番茄（1~2个），罗勒（10~12片），莫札拉芝士或一般芝士片（5~6片）

调味料

油醋酱（2~3大匙）

做法

1. 将新鲜罗勒叶片洗净，番茄及芝士切薄片。
2. 将番茄片依序平铺于盆上，接着在番茄片上放上芝士片，最后放上罗勒叶。
3. 淋上油醋酱即完成。

Tips

油醋酱做法：将橄榄油与醋以3：1的比例调匀，再加入适量的盐及研磨黑胡椒粒调匀即完成。醋建议选择果醋，风味较佳。

② 罗勒松露意大利面

阴郁的冬日，连日来的忙碌，身心早已疲惫。而这道融合松露与香草的意大利面，却让我一扫阴霾，遇见曙光……

松露（Truffle）是蕈类的一种，一直是美食寻觅者及主厨眼中的顶级食材。18世纪的著名美食家亦称其为“厨房的钻石”，可见其不菲的价值。

打开架上那瓶源于意大利彼耶蒙特的黑白松露蘑菇酱，一股特殊的香气，让我忍不住一再嗅闻，就像是走在森林间抑或是原野上那般令人心旷神怡。冬季正是品尝松露的好季节，但饭店、餐厅里的松露大餐可是所费不赀。我想运用些简单的蔬食与之结合，或许更能呈现松露原始的风味。

饱满的杏鲍菇片油亮的金黄色泽让我食指大动，送入嘴里咀嚼着。菇类的鲜甜与滑溜的口感让我感到心满意足，然其尤带点儿咬劲，间或发出清脆的声响；而松露蘑菇酱则完全包裹着面条，轻送入口，浓郁的酱汁风味与松子的坚果气息在齿颊间谱出幸福的协奏曲。而我一口接着一口，完全沉浸在顶级食材所营造的幸福美味氛围里。

阴郁的冬日，连日来的忙碌，身心早已疲惫。而这道融合松露与香草的意大利面，却让我一扫阴霾，遇见曙光。

材料

意大利面（100g），杏鲍菇（3朵），松露蘑菇酱（2~3大匙），罗勒（2~3枝），松子（10~15g），橄榄油（适量）

调味料

盐（少许），研磨黑胡椒粒（少许）

做法

1. 在煮沸的水中放入意大利面，加入少许盐，待面煮约八分熟后起锅，淋上些许橄榄油拌匀备用。

2. 在平底锅中倒入适量的橄榄油，用文火将切片的杏鲍菇煎至金黄油亮，其间在菇上撒上适量的盐及研磨黑胡椒粒，使其入味。

3. 接着将意大利面倒入锅内拌炒并加些许开水，倒入松露蘑菇酱拌炒均匀后，撒上一小把松子及新鲜罗勒叶片，盖锅焖一下即完成。

09 月桂系列

英文： Bay

学名： Laurus nobilis

别名： 月桂冠

栽培： 喜好阳光充足的环境，土壤宜肥沃、排水性佳

运用： 各式需长时间熬煮的汤品或炖肉、炖菜等料理，也是制作红、白酱及香草束的食材之一

①月桂南瓜浓汤

食物与记忆之间总有某种联系，而专属的食物香气，则是通往记忆之门的密码。每每嗅闻着南瓜浓汤的香气，总仿佛看见孩子们第一次喝南瓜浓汤时的场景……

南瓜是秋日盛产的蔬果，其饱满金黄的色泽更是秋收的象征。而南瓜的形状各异，有葫芦形、矮胖球形；也曾经在花市看过小巧玲珑的观赏型南瓜，运用于居家布置也非常适宜。南瓜容易保存，家中厨房窗台边的藤篮里，惯常斜倚着一只南瓜，让进行料理的我得以拥有一处赏心悦目的角落，更满足我在微凉秋日偶尔想要喝道温热香浓汤品的小小心愿。

南瓜富含胡萝卜素及维生素E，具有抗氧化的功能，更能提高身体的免疫力。而南瓜的料理更是千变万化，从西式浓汤、南瓜派到中式的炖煮南瓜、腌渍南瓜沙拉，都有其不同的呈现与口感。而我最为热衷的还是奶油南瓜浓汤。孩子们在面对南瓜料理时，总是面有难色；独独当它化身为金黄浓稠且隐隐散发出浓浓奶香的汤品时，孩子们却趋之若鹜。食物与记忆之间总有某种联系，而专属的食物香气，则是通往记忆之门的密码。每每嗅闻着南瓜浓汤的香气，总仿佛看见孩子们第一次喝南瓜浓汤时的场景，寒冷的冬夜，温暖的灯光下，孩子们一口口喝着汤品，间或泛着一声声银铃般的笑语，南瓜浓汤是属于幸福的印记。

这道汤品，总能在微凉秋日温暖全家人的胃，让秋日的心暖暖的。

材料

南瓜（1个），月桂叶（2~3片），荷兰芹末（适量），鲜奶油（50~80 mL），鲜奶（100~150 mL）

调味料

盐（少许），黑胡椒粒（少许）

做法

1. 将南瓜去皮切块，放入滚水中加入些许的盐、两片月桂叶，煮至熟烂放凉备用。
2. 将冷却的南瓜块放入榨汁机打成泥状，接着倒入锅中用文火煮滚，加入适量的鲜奶油、盐、黑胡椒粒调味（鲜奶油的添加量视个人的口感决定，若不喜欢牛奶的味道也可以不加鲜奶）。
3. 在完成的汤品上撒上荷兰芹末即完成。

② 暖心蔬菜汤

这道暖心蔬菜汤，仿佛是乐团的一场完美演出，主角配角都各司其职且有默契地谱出悦耳的大自然乐章。我一个人在安静的阳光午后，独自享用暖心蔬菜汤，感受着一种可遇不可求的幸福……

忽冷忽热的天气，一不小心很容易就会着凉。此际我会熬煮一大锅的蔬菜汤，各式蔬菜富含丰富的维生素及纤维质，能为身体注入大自然的能量，补充更多的营养成分。

午后，独自一人穿梭于工作室与后花园间，行经厨房时偶尔望见炖着蔬菜汤的锅中冒起阵阵白烟，间或发出咕噜咕噜的声响。刹那间仿佛行走于果实累累的大片菜园，嗅闻着大自然所赐予的甜美蔬果气息。满室弥漫的蔬果香气，让我迫不及待地想先尝口蔬菜汤。将花园的工作告一个段落，走进厨房打开锅盖，蔬菜汤已经泛着番茄汁般的诱人色泽，味道的鲜美更是不用多说。

盛起一碗汤，我想到花园边听音乐边享用蔬菜汤，却意外望见阳光洒落花园桌角，映照着蔬菜汤盘，闪烁着灿烂的光芒。浅尝一口蔬菜汤品，汤头微酸却又渗着鲜甜甘美，蔬菜入口即化，唯独鲜菇还保有滑溜口感，汤品里也隐约带点月桂叶的幽香余韵。这道暖心蔬菜汤，仿佛是乐团的一场完美演出，主角配角都各司其职且有默契地谱出悦耳的大自然乐章。我一个人在安静的阳光午后，独自享用暖心蔬菜汤，感受着一种可遇不可求的幸福。

材料

月桂叶（3~4片），番茄（2个），土豆（2个），新鲜香菇（2~3朵），荷兰芹（1枝），胡萝卜（1根），洋葱（1个），橄榄油（适量）

调味料

盐（少许），胡椒粉（少许）

做法

1. 将除月桂叶外的所有材料都切成小丁状。
2. 锅内倒入适量橄榄油，热锅将洋葱先炒香，依序将所有的蔬菜丁放入拌炒，续加入盐、胡椒粉调味。待蔬菜炒软，在锅内加入八分满的水，待水滚后加入几片月桂叶，转文火继续炖煮约2 h。这种汤愈是炖煮味道愈是鲜美。

Tips

这道暖心蔬菜汤，蔬果的丰富营养经长时间的文火慢炖，其精华都融于浓郁的汤汁里。细腻的风味口感，大人小孩都能接受。在季节交替时炖煮，为身体注入更多能量，提高免疫力。

10

细香葱系列

英文：Chive
学名：Allium schoenoprasum
别名：虾夷葱
栽培：喜好阳光充足明亮的环境，半日照亦可
运用：沙拉、蔬菜、蛋类、鱼贝海鲜类
好伙伴：土豆、奶油芝士、蛋。生食最佳，加热后容易失去其细致的风味

凉拌细香葱螺旋面

每回做这道料理时，在最后的拌匀阶段，孩子们总会抢着要帮忙，然后边拌边吃，玩得不亦乐乎……

细香葱又名虾夷葱，全株都能闻到淡淡的洋葱味。它身材娇小玲珑，春夏之际会开出小球状的粉色花朵，不论远观细看都像位红粉佳人，不似全台湾闻名的三星葱身材那般壮硕。细究其风味，细香葱较三星葱来得细腻，且适宜生食，加热后则容易失去其细致的风味。

酷热的夏季我喜欢煮一道这样冷热皆宜的料理。每回做这道料理时，在最后的拌匀阶段，孩子们总会抢着要帮忙，然后边拌边吃，玩得不亦乐乎。别说他们了，连我在一旁都看得跃跃欲试。拌好后每个人都会立刻吃上一大碗，然后剩余的就装在保鲜盒里放入冰箱冷藏，可保存两三天。隔天起床，孩子们喜欢舀一些细香葱螺旋面铺在切片的法式面包上，撒上焗烤芝士丝，送进小烤箱烤3~5min，待表面呈金黄色，好吃的细香葱螺旋比萨就是他们的美味早餐。我则喜欢隔天吃起来的冰凉滋味，土豆的口感转为清脆，而细香葱则不经意地在齿颊间迸裂出微微的辛辣滋味。

夏日的我，喜欢就这样煮上一大锅，全家可以吃个两三天。面对炙热酷夏，身为家庭主妇的你，也可以如法炮制，让自己轻松一下。

材料

土豆（2个），鸡蛋（2~3个），螺旋面或通心粉（1包），美乃滋或沙拉酱（1包），细香葱（5~8根），橄榄油（适量）

调味料

盐（少许），研磨黑胡椒粒（少许）

做法

1. 准备两锅水用大火煮开，煮沸后分别加入适量的盐，一锅放入螺旋面，另一锅则放入去皮切小块的土豆及整个的鸡蛋。
2. 煮15~20 min，待所有的食材都煮熟，将螺旋面捞起拌入些许的橄榄油，以防面条互相粘连。将土豆也捞起放凉后切丁，鸡蛋去壳切片。
3. 将螺旋面、土豆丁、切片的鸡蛋放入一个大钵，加入适量的盐及研磨黑胡椒粒调味，最后再加入美乃滋或沙拉酱及切好的细香葱末搅拌均匀即完成。建议美乃滋或沙拉酱及细香葱末的量可以多一些，你会感受到细香葱的绝妙口感与独特样貌。

Tips

这道菜肴也非常适合当成宴客菜，而且还可以前一天就先准备起来存放在冰箱。第二天用大的沙拉钵盛装，一旁放着一盘吐司或是切片的法式面包，就用吐司夹着吃或是放在烤过的法式面包上，不必焗烤也能成为大人小孩都青睐的宴会佳肴。

11

刺芫荽系列

英文：Culantro

学名：Eryngium foetidum

别名：长香菜、大叶芫荽

栽培：喜好半遮阴环境，土壤需排水性佳

运用：蔬菜、汤品、鱼类、肉类、米饭、面条

刺芫荽凉春卷

大热天的正午一个人用餐，我想快又简单是唯一原则……

前些日子在朋友的香草店铺闲逛，知道我一向爱料理，于是他向我推荐刺芫荽。手中搓揉着撕碎的叶片，一股浓郁的香菜味道惊喜地出现在鼻息间，是我喜欢的味儿。忽然间想起家中橱柜还有包越式春卷皮，我想这两样食材的搭配应该会很契合。

每回上超市，最爱流连的地方就是贩售异国食材的柜位。以前较常见的是欧美及日本地区的食材，而近来发现超市也为泰式、越式、韩式食材各辟一专区。喜欢料理且爱尝鲜的我，看着架上琳琅满目的食材，总想着如何与香草搭配，越式春卷皮及越式鲜檬就是在这种情况下买回的。

此两种食材皆是由面粉、树薯粉加工制造的。比较特别的是，越式春卷皮只需浸泡于冷开水中数分钟即会软化，可以拿来包各式馅料，油炸后即成金黄诱人的酥脆春卷；抑或直接将软化的春卷皮包裹馅料后，蘸着特制的越式酸辣酱来吃，口感清新且开胃。而另一种越式鲜檬，外观则有点类似台湾的粗米粉；料理前需先用水泡约15 min，接着再下锅煮至水开后焖2 min，即可捞起沥干备用。

大热天的正午一个人用餐，我想快又简单是唯一原则。刺芫荽凉春卷即是简单好做的一道美味。做时也用到越式鲜檬，将它包进春卷皮里，这样吃起来较有饱足感。

材料

刺芫荽（3~4片），越式春卷皮（3~4片），越式鲜檬（1小把），莴苣（3~4片），胡萝卜（1/4个），小黄瓜（1条），造型蒟蒻（20 g）

调味料

盐、白胡椒粉、香油、越式酸辣酱（皆适量）

做法

1. 将春卷皮泡于冷开水中3~5 min，待软化即可拿起备用，另将鲜檬也煮熟沥干备用。
2. 将胡萝卜及小黄瓜刨丝，造型蒟蒻切薄片，刺芫荽切成细末；将这些材料与鲜檬拌在一起，加入些许的盐、白胡椒粉及香油调味后即成为凉春卷的内馅。
3. 将春卷皮摊开，先铺上一大片的莴苣，接着将2的食材放在莴苣上，将春卷皮卷起即完成。
4. 将越式酸辣酱加入一些刺芫荽叶末当成蘸食凉春卷的佐酱，风味更佳。

12

小地榆系列

英文：Salad Burnet

学名：Sanguisorba minor

别名：沙拉地榆

栽培：喜好阳光充足或稍微遮阴的环境，土壤宜松软，排水性佳

运用：沙拉、蔬菜、蛋类

好伙伴：小黄瓜、番茄。生食最能感受其细小叶片所散发出的小黄瓜气息，也适合切末撒于汤品上

香草古斯米沙拉

喜欢其自然率性又随意的做菜方式，这道香草古斯米沙拉就是从奥利佛那儿学来的，只不过我将香草种类做了些变化……

喜欢香草又爱下厨的我，最爱看的电视节目是旅游频道的奥利佛挑美食。喜欢其自然率性又随意的做菜方式，这道香草古斯米沙拉就是从奥利佛那儿学来的，只不过我将香草种类做了些变化。

古斯米（Couscous），有人也称之为北非小米或北非面，但事实上它是以杜兰小麦粉制成的，外观有点儿类似台湾的小米。古斯米为北非地区如摩洛哥、阿尔及利亚等国家的传统面食。其吸引人之处在于料理的多样化，不论冷尝热食皆呈现不同的风味，适宜作为前菜沙拉及主食。若要将古斯米当成前菜沙拉，只需按照"做法"中的步骤，就能得到一份风味甚佳的沙拉。我也喜欢将冷藏后的香草古斯米沙拉当做墨西哥卷饼的馅料，这也是一种特别的吃法。

当主食的古斯米料理方式也非常简单。将奶油融化后放入洋葱爆香，续加入所有的蔬菜拌炒（菇类或根茎类蔬菜皆可），用盐及黑胡椒粒调味，再倒入适量的古斯米拌炒后，最后加入香草（百里香、月桂叶皆可）并倒入多一点的开水用文火炖煮，待水分收干入味后即完成，可撒上荷兰芹作为装饰。

材料

古斯米（1/3包），小地榆（2~3枝），红、黄甜椒（各半个），小黄瓜（1/2条），橄榄油（适量）

调味料

盐（少许），研磨黑胡椒粒（少许），柠檬汁（少许），油醋酱（少许）

做法

1. 将适量的古斯米泡入冷开水中，数分钟后待其吸收水分呈现膨胀状态，即可放置一旁备用。
2. 将红、黄甜椒切条状，小黄瓜切成薄片，在瓦斯炉上架上烤肉架直接烘烤。
3. 待红、黄甜椒烤至焦焦的即另取一碗放入并封上保鲜膜，利用余温加热数分钟后，将烤焦的甜椒皮剥除。小黄瓜则稍微焦黄即可拿起放凉备用。
4. 将烤好的甜椒、小黄瓜与泡过开水的古斯米混合，并加入适量的盐、研磨黑胡椒粒、柠檬汁与橄榄油拌匀。最后撒上小地榆叶片，放入冰箱冷藏1~2 h风味尤佳。

Tips

古斯米目前在网络商店可以买得到，一大包500 g约12人份的古斯米售价约为20元，是一种相当便宜的主食材。

13 柠檬香茅系列

英文：Lemon grass
学名：Cymbopogon citratus
别名：柠檬草、香茅草
栽培：喜好阳光充足明亮的环境，较不耐寒，所以冬天需移到温暖之处
运用：茶饮、点心、汤品、蔬菜、鱼贝海鲜类、各式肉类
好伙伴：炖菜、咖喱、水果

柠檬香茅外观与芒草类似，虽无特别吸引人的姿态，但其狭长形的叶片却有股诱人的淡雅柠檬香气。它不仅可以运用在茶饮、料理中，也可用于沐浴保养。

① 香茅蔬果绿咖喱酱

将切片的法式面包蘸食绿咖喱酱，又是另一种赏味方式，面包饱含浓郁的汤汁，阵阵绿咖喱香气中却也隐约感受到辛辣，丰富的味觉层次，令每一口都更心满意足……

咖喱起源于印度，后传播至欧亚等国家，而颜色也由原来的褐色演变为更多不同的颜色，有黄咖喱、红咖喱、绿咖喱；而口味除辛辣外更有甜味与酸味的，各种口味的咖喱都对身体有相当的益处。咖喱中的香辛料能帮助肠胃蠕动、促进食欲，也能加速血液循环达到排汗的目的。经科学实验证明，咖喱中的姜黄素更能预防老年痴呆症，是一道相当好的料理食材。

各式的咖喱口味，我偏爱口味稍重的绿咖喱，只要一点点的量，却能呈现辛辣且浓郁的咖喱口味。而与蔬菜的搭配，口感与风味也十分独特。

我喜欢煮上一大锅绿咖喱酱与各种主食做搭配。加入白饭就是一道蔬果咖喱饭，圆润的米粒与绿咖喱总是能让人食欲大开，一碗接着一碗；也可以将乌龙面条煮熟后再缓缓倒入绿咖喱酱，即成一道咖喱乌龙面，滑溜的面条与辛辣的汤汁是最佳组合；将切片的法式面包蘸食绿咖喱酱，又是另一种赏味方式，面包饱含浓郁的汤汁，阵阵绿咖喱香气中却也隐约感受到辛辣，丰富的味觉层次，令每一口都更心满意足。

材料

香茅（2枝），绿咖喱酱（辣味30~50g），椰浆（200 mL），洋葱（1/4个），素火腿（4~5片），杏鲍菇（2朵），土豆（2个），胡萝卜（1根），冷冻豌豆（100g），罗勒（少许），油（适量）

做法

1. 将洋葱切末、素火腿切丁、杏鲍菇切片，而土豆及胡萝卜则切丁，冷冻豌豆解冻备用。
2. 在锅中放入适量的油，热锅后加入洋葱末及素火腿丁拌炒一下，接着再放入绿咖喱酱拌炒，待香味慢慢散出后，陆续放入切丁的土豆、胡萝卜及杏鲍菇片拌匀。
3. 在锅中倒入盖过食材的水，并放入2~3枝香茅叶，待水煮开后转文火，让其慢慢炖煮至所有的食材熟透。
4. 最后加入豌豆及椰浆拌匀，并放入新鲜罗勒叶片当成装饰。

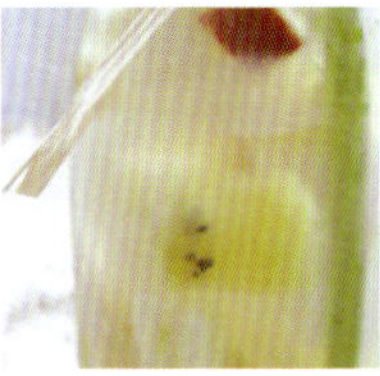

② 柠檬香茅缤纷冻饮

清凉滑爽的跃动口感，再加上水果缤纷的色彩，它会是宴会场合里最极致的迷人风景，让人感受到大自然的美妙气息……

喜欢将柠檬香茅泡成茶饮，或者与蔬菜汤、咖喱汤及泰式酸辣汤一同炖煮，都能增添料理的特殊风味。这里介绍的这道冻饮适合宴会场合，将香草茶、新鲜水果丁与果冻结合在一起。

清凉滑爽的跃动口感，再加上水果缤纷的色彩，它会是宴会场合里最极致的迷人风景，让人感受到大自然的美妙气息。不论是用透明造型玻璃壶还是鸡尾酒缸盛装，都能成为众人注目的焦点。或者用小牛奶瓶分装，盖上软木塞，打段拉菲草，就成为令小朋友爱不释手的饮品小礼物。

材料

柠檬香茅（3~5枝），琼脂（3 g），苹果（1个），奇异果（1~2个），蜂蜜及柠檬汁（些许），糖（少许）

做法

1. 柠檬香茅煮约1000 mL茶水放凉备用。
2. 制作柠檬香茅冻，煮约300 mL的柠檬香茅茶，用文火边煮边加入适量的糖及约3 g的琼脂搅拌，待琼脂全部融化后即可关火。放凉后再倒入大的器皿中，放至冰箱冷藏室约30 min后即呈果冻状。
3. 将做好的果冻与苹果、奇异果等均切成丁状，放入已冷却的柠檬香茅茶水中，加入适量的蜂蜜、柠檬汁调味，还有一大把的冰块是绝对必需的。

14 柠檬马鞭草系列

英文：Lemon Verbena

学名：Aloysia tripbylla

别名：防臭木

栽培：喜好阳光充足的环境，土壤宜肥沃且排水性佳

运用：茶饮、点心、蔬菜、水果、各式肉类

①柠檬马鞭草果冻

一盘爱心造型果冻，用暖橘色的盘子盛装，在角落用鲜奶油画上两颗重叠的爱心，写上“LOVE”。这是盘幸福香草果冻，可以为彼此的感情升温……

马鞭草的品种众多，而此次用来做果冻的品种是叶片有着淡淡柠檬香气的柠檬马鞭草。后院的柠檬马鞭草前阵子开着几朵淡粉色的小花，衬着新绿的叶片，令人感到赏心悦目。每天早晨浇完水后，最爱冲壶柠檬马鞭草茶，加入几片甜叶菊，整个人马上感到神清气爽。

制作果冻可以使用果冻粉、明胶（鱼胶）、琼脂，或是寒天（Agar）。这次所用的为琼脂粉。而盛装的容器也可以跳脱常见的果冻模，可以运用各种模型器具，为生活增添逸趣。一盘有着贝壳等可爱造型的果冻，淋上蜂蜜，就成为孩子们营养无负担的餐后点心。而另一盘爱心造型果冻，用暖橘色的盘子盛装，在角落用鲜奶油画上两颗重叠的爱心，写上“LOVE”。这是盘幸福香草果冻，可以为彼此的感情升温。

材料

柠檬马鞭草（2~3枝），琼脂粉（5g），糖（些许）

做法

先将柠檬马鞭草煮成茶水（约500mL），再放入约5g的琼脂粉，加入适量的糖，慢慢搅拌至琼脂粉全部融化，关火放凉后倒入模型杯中，再放入冰箱冷藏约半个小时，冰凉滑爽的果冻就完成了。

2 马鞭草葡萄气泡饮品

葡萄汁微微的酸甜融合马鞭草清新的柠檬香气，让整道饮品的风味更显细致……

将市售的气泡葡萄汁与放凉的柠檬马鞭草茶，以1：1的比例调和，再放入冰块与马鞭草叶片点缀，就成了一道精致的风味饮品。葡萄汁微微的酸甜融合马鞭草清新的柠檬香气，让整道饮品的风味更显细致；而葡萄汁迷离的透明紫红色泽与马鞭草的新绿叶片有了最强烈的对比。试着用高脚马丁尼杯盛装，展现其优雅面貌，让不饮酒的人也可以餐前小酌一杯。

材料

柠檬马鞭草（2~3枝），气泡葡萄汁（150~200mL）

做法

1. 先将柠檬马鞭草泡成茶水，放凉备用。
2. 将茶水与气泡葡萄汁以1：1的比例调和，再放入冰块与马鞭草叶片点缀即完成。

英文：Lemon Balm

学名：*Melissa officinalis*

别名：柠檬香水薄荷

栽培：喜好阳光充足明亮的环境，但也可以接受稍微遮阴的环境

运用：茶饮、点心、蔬菜、水果

15 香蜂草系列

香蜂草奶酪

传说中英国有位王爵活到高龄108岁的养生秘诀，就是每天晨起喝一杯香蜂草茶，所以香蜂草茶又有“长寿茶”的别称……

香蜂草的叶片具有柠檬香气，将新鲜的叶片泡成茶饮，其释放出的淡雅香气，能令人身心舒缓且愉悦，并有促进消化的功效。传说中英国有位王爵活到高龄108岁的养生秘诀，就是每天晨起喝一杯香蜂草茶，所以香蜂草茶又有“长寿茶”的别称。

然而除泡茶之外，香蜂草也是饮品及甜点的最佳主角。喜欢在冬日的清晨，在加热的牛奶里放几片新鲜香蜂草，幸福的奶香裹着淡淡的柠檬气息，是冬日里最能抚慰我心的温热饮品；而在春夏我则喜欢做香蜂草鲜奶酪。

材料

香蜂草（2枝），鲜奶油250 mL，鲜奶250 mL，糖（40g），明胶粉（10g）

做法

1. 在小锅中倒入250 mL的鲜奶油，加入洗净的香蜂草叶片，以文火煮约5 min后熄火并滤掉叶渣。
2. 再倒入约250 mL的鲜奶及适量的糖调味亦以文火煮开，最后加入明胶粉搅拌均匀。
3. 熄火待凉后放入模型杯中并放入冰箱冷藏即完成。

16 玫瑰花系列

玫瑰花果酱

早餐时将玫瑰花果酱涂抹在吐司或司康上，微酸香甜的滋味，让味蕾轻启一天最美好的时刻……

看见了玫瑰花心中不觉就会生起浪漫的想象，然而玫瑰花确实也拥有几段令人印象深刻的传说故事。希腊神话故事中说：“玫瑰花与美神维纳斯在同一时刻诞生，是世上最美丽的花与女人，更是美的象征。”所以玫瑰花又有着“花中皇后”的雅号，也被视为“爱情的使者”，传递着爱的语言。

前些日子在朋友的花园里，遇见盛放的粉色玫瑰，于是一一将之采撷，回程途中想着该如何运用这些花瓣，玫瑰冰块、果酱、饼干的画面闪过脑海。趁着一个难得的午后，轻柔地将玫瑰花瓣洗净，打开冰箱取出苹果削皮并切成小丁状，开始做这道玫瑰花果酱。

这样的自制果酱有着多种用途。早餐时将玫瑰花果酱涂抹在吐司或司康上，微酸香甜的滋味，让味蕾轻启一天最美好的时刻。午餐后来道甜点，就将玫瑰花果酱拌入酸奶中，不仅养生更添风味。而午茶时刻可在泡好的红茶中加入些许的玫瑰花果酱，你可以品尝到红茶的另类风味。在国外，习惯将自制的食品当成礼物赠与友人，我将玫瑰花果酱置入一只回收的玻璃瓶中，瓶盖上做了美丽的玫瑰拼贴，在瓶身绑上缎带，贴上自制标签“ Just for you”，送给朋友一份带来幸福的礼物。

材料

玫瑰花瓣（1小碗），苹果（半个），糖（1小匙），明胶（1片）

做法

1. 在小锅内加入些许的水（约为苹果丁的1/3量即可），煮开之后放入苹果丁及适量的糖，用文火边熬煮边搅拌，待果肉呈透明状后再放入洗净的玫瑰花瓣。
2. 待果肉渐呈透明色并与花瓣渐渐融合时，放入一片明胶片再轻轻搅拌均匀，即可关火。
3. 待凉后可装入玻璃空罐中放入冰箱冷藏保存。

17

干燥香料

即使家中没有种香草或是不方便买到新鲜香草，用超市或网店均买得到的罐装及袋装干燥香料，一样可以做出好吃的香草料理！

①焗烤香料千层面

希望焗烤香料千层面，能给小女孩一段幸福的记忆……

与朋友约好今日餐叙，每人需准备一道料理。我的菜单是“焗烤香料千层面”。因为千层面可在烤好之后切成一片片的，让每个人都可尝鲜，却又不至于非得吃上一大盘而无法再食用其他佳肴。

意式料理的基底酱有人偏爱白酱，也有人偏爱红酱，所以今日打算用两种口味的酱混合。将红酱与白酱以3：2的比例混合成基底酱，试吃了一小口，果然这样的混搭有了全新的体验：先是尝到了红酱里属于番茄的微酸的口感，充满迷人的阳光温度；后段则释放着白酱浓郁奶油香气。

看着餐会中的两位小女孩欢喜地食用着千层面，悄悄地用餐盘示意一旁的妈妈还要再吃一盘，模样可爱至极。希望焗烤香料千层面，能给小女孩一段幸福的记忆。

材料

千层面（4～5片）、红酱（300 mL）、白酱（200 mL），冷冻蔬菜丁（50 g），西兰花（1/2个），芝士粉、干燥香料（适量），盐（少许），焗烤芝士丝（适量）

做法

1. 将水煮开，加入少许盐后，放入千层面煮约八分熟后捞起备用。
2. 另用一锅盛装3：2的红酱与白酱，以文火加热。接着加入冷冻蔬菜丁、烫熟的西兰花及芝士粉用文火拌炒均匀，即成为基底酱。
3. 在烤盘上先铺上一层基底酱，接着再铺上一层千层面皮，依此顺序至铺满为止。最后撒上焗烤芝士丝及综合干燥香草料，以200℃的上火烤约10 min即完成。

白酱材料

奶油（60g），面粉（60g），鲜奶油（1L），盐（些许）

白酱做法

锅微热，将奶油入锅融化后，续加入面粉用文火拌炒均匀呈面糊状，接着加入液态鲜奶油拌匀，加点盐调味即完成。

红酱材料

洋葱（1/2个），番茄（2个），月桂叶（1~2片），番茄酱（2~3大匙），盐及胡椒粉（适量），橄榄油（适量）

红酱做法

1. 在番茄背面用小刀划十字，入滚水中氽烫一下，起锅泡在冷水中剥除外皮，并切成细丁备用。
2. 在锅中倒入橄榄油后，加入洋葱末拌炒约3 min后续加入番茄丁拌炒，加入多一点的水及番茄酱、月桂叶、盐及胡椒粉调味。
3. 煮约30 min待洋葱及番茄软透，即完成红酱。
4. 此红酱可以分装成一小包放在冰箱冷冻室，要用时取出解冻即可使用。

② 焗烤香草面包

喜欢将这道料理放入玲珑小巧的烤盅内烘烤，让孩子们在餐前食用或当成午后小点心，虽是小小一盅却也饱含了蛋及各式坚果的丰富营养……

每回到面包店，总会买条长形的法式面包，特别钟爱原味。因为不论切成厚长形做潜水艇三明治，还是切成厚片状，抹上各种口味的果酱或各式香草抹酱，都是孩子与我最爱的点心；即使吃不完也可以做成香草面包粉，或是做成一道众人皆爱吃的焗烤香草面包。这就是我爱买法式面包的原因，即便吃不完也不怕浪费。

刚刚出炉的焗烤香草面包，经高温烘烤后呈现出迷人的模样，圆鼓鼓的外形像个蛋糕，表层的暖黄及焦黄泛着微微的亮光，这时候一定要马上食用，因为不管在视觉上或味觉上都是最佳状态。喜欢将这道料理放入玲珑小巧的烤盅内烘烤，让孩子们在餐前食用或当成午后小点心，虽是小小一盅却也饱含了蛋及各式坚果的丰富营养。

材料

新鲜香草或干燥香料（适量），鸡蛋（1~2个），法式面包（3~4片），冷冻豌豆、坚果类（各15~20 g），焗烤芝士丝（适量）

调味料

盐（少许），黑胡椒粉（少许）

Tips

也可以使用一般吐司，可先切块烤过后再放入烤盅，完成后咬起来口感较好，不会糊掉。也可以将蛋液改为白酱，配料也可以改成三色豆或是其他菇类，依个人喜好而定。

做法

1. 打蛋液并加入约蛋液1/3量的冷开水，以适量的盐及黑胡椒粉调味。
2. 在烤盅内放入切块的法式面包并酌量加入冷冻豌豆粒及各式坚果（如杏仁、腰果、核桃等）。
3. 接着将1的蛋液倒入2的烤盅，并添加新鲜香草（若无新鲜香草也可使用干燥香草），最后再铺上焗烤芝士丝，放入预热200℃的烤箱，用上下火烤约30 min即完成。注意蛋液只要七八分满即可，因为烘烤过程会使蛋液膨胀。

3 香草芙蓉豆腐

当嘴里尤漾着香草的清新气息时，内里滑嫩至极的豆腐轻轻弹跳出阵阵的鸡蛋香气，外皮的酥脆与内里的滑嫩相互呼应……

豆腐含丰富的营养成分及优质的植物蛋白质，正是长期茹素的我身体所需蛋白质的最佳来源；而且豆腐的料理方式非常多，与各式食材搭配都能彰显其面面俱到的独特口感。

炸豆腐是一道非常本土的料理，散发着朴实无华的气息，但却往往是异乡游子最思念的一道家乡菜。今天将这道家乡菜略做变化，将传统的裹面粉油炸改成裹自制的香草面包粉油炸，可选用口感较为细腻滑嫩的芙蓉豆腐或鸡蛋豆腐。完成的香草芙蓉豆腐，其外层的香草面包粉经高温油炸后更显酥脆。当嘴里尤漾着香草的清新气息时，内里滑嫩至极的豆腐轻轻弹跳出阵阵的鸡蛋香气，外皮的酥脆与内里的滑嫩相互呼应，特别是芙蓉豆腐那吹弹可破的质地，让我顾不得烫舌，只想大快朵颐。

材料

香草面包粉（150g），鸡蛋（2个），面粉（150g），芙蓉豆腐或鸡蛋豆腐（1~2盒），胡椒盐（适量）

做法

1. 将豆腐切块，依序蘸上面粉、蛋液、香草面包粉再放入高温的油锅里炸，待表面呈金黄色捞起，即完成此道香草芙蓉豆腐。
2. 撒上适量的胡椒盐即可食用。

Tips

若是没有自制的香草面包粉，也可将一般市售面包粉放入适量的盐及干燥香料，拌匀后即成风味特殊的香草面包粉。

18

香草束系列

香草束丸子汤

我觉得在各种料理方式中，大火快炒犹如激情的对白，火花只在刹那间；而需长时间炖煮的汤品，则宛若一首酝酿多时的诗，每个字句都适合细细咀嚼，余韵且悠且远……

记忆中孩提时，母亲总爱用新鲜的猪骨或鸡骨熬煮高汤，又深又大的铁锅咕噜噜地从锅盖的隙缝中冒出缕缕白烟，空气中也弥漫着当时的我感觉很美味的气息。

对于炖高汤这档事我其实是着迷的。喜欢用一只又大又深的锅子装满水，当大火煮沸之后，丢入大量切块的红、白萝卜及香草束，用文火慢慢煨煮2~3h，甚或更久。而在这段时间，我则多半在花园忙着浇水、除杂草、施肥，或者在工作室看看书、写写东西。约莫几个小时后，总会从工作室半掩的门扉飘进一股清新的味道，那是蔬果与香草经慢炖细熬所融合出的最天然的沁人气息。而这时我总会不自觉地走进厨房掀起锅盖，刹那间，甜美的香气扑鼻而来；浅尝一口，预料中的鲜美清甜已全然挑动味蕾。我觉得在各种料理方式中，大火快炒犹如激情的对白，火花只在刹那间；而需长时间炖煮的汤品，则宛若一首酝酿多时的诗，每个字句都适合细细咀嚼，余韵且悠且远。

望着天际出现的一抹瑰丽霞光，我转身将炉火熄灭，早已忍不住想喝汤的渴望。我舀起两大汤匙的高汤另起一锅，放入豆腐及丸子并放入些许的盐调味，完成了香草束丸子汤，坐在后花园的桌椅上品尝。豆腐的滑嫩与丸子的清脆口感非常合宜，汤头则融合了蔬果与香草的精华，此道汤品兼顾味觉与营养。既然如此，心想着那么孩子们的晚餐也有了，就在高汤里加些面条、豆腐与丸子不就是一碗暖和营养的香草汤面！少了需洗洗切切的晚餐准备，我静静地继续端坐于后花园，独自享受这微风轻拂与霞光掩映的黄昏时光。

材料

香草束（柠檬香茅2枝，百里香2~3枝，月桂叶1~2片），红、白萝卜（各1根），豆腐（1盒），各式丸子（1小碗），水（1000~1500 mL）

调味料

盐(少许）

做法

1. 将红、白萝卜切大块，香草束利用香茅的叶片绑好。
2. 用一只大锅装水煮开后，放入1的材料，炖煮2~3 h。
3. 可在熬煮好的高汤中加入盐、豆腐、各式丸子，即成香草束丸子汤；或是再加入些面条及青菜，即成香草汤面。
4. 此汤头也可作为冬日的火锅汤底，不管加入哪种火锅料，清新的香草气息都让食材有加分的效果。

Tips

这道菜里的香草束是柠檬香茅、百里香、月桂叶，根茎蔬菜为红、白萝卜，也可视个人口味改变组合。基本上香草束的组合也可尝试鼠尾草，而蔬菜也可以试试洋葱、大芹菜、白菜。大约3000 mL的水，需放入各3~5枝的柠檬香茅、百里香，3片新鲜或干燥的月桂叶皆可。

一块自己喜爱的桌巾、几枝新鲜花朵与香草高低错落，不同颜色的香氛蜡烛与浮水蜡烛，打造专属的自我风格，点燃餐桌的幸福时光。

谈到餐桌布置，你或许认为那只有高级饭店或餐厅才需用。我们每天都必须花1~3h的时间于“用餐”这件事，然而大部分的人却都在“吃三餐”而非“享用三餐”。或许忙于工作的你，餐餐都只能在家之外吃简易快餐，但在难得的假日，无论是一个人、三五好友或是全家团聚，只要运用一些布置素材结合香草或花草，即能点燃餐桌的幸福时光，营造欢乐的餐桌氛围。

然而餐桌布置，并非要如同高级饭店或餐厅般制式，银制刀叉、高级台布等。或许这只需：一块自己喜爱的桌巾，抑或是到布匹市场剪来的素面或花朵布品；花店买来的几枝新鲜花朵，抑或是自家庭院栽植的香草或花朵；几个高低错落、不同颜色的香氛蜡烛或浮水蜡烛，当然你也可以尝试自己的手作特色蜡烛；一曲让人放松的音乐再加上一些布置巧思与创意。你可以营造出专属于你的风格，演绎出完美的餐桌风情。

用这样的概念延伸，我想无论是一个人的主题餐、两个人的烛光晚餐、三五好友餐会、家庭户外小野餐抑或是人数较多的西式家庭Party（聚餐），都能为每个人留下难忘的幸福印记。

01

一个人的主题餐

一个有阳光的日子，在后花园布置一个完全属于自己的“薰衣草早餐”。

一组自己亲手彩绘的薰衣草桌椅，铺上一条白色绣花长桌巾。一碟用透明紫色沙拉钵盛装的蔬果沙拉，藤篮里铺上薰衣草餐巾纸与几片法式面包，一旁是泛着甜蜜滋味的薰衣草果酱，一壶氤氲着热气的薰衣草花茶，伴着自己最爱的彩绘薰衣草花茶杯组。几株散发着优雅香氛的薰衣草穗花及点燃烛光的薰衣草蜡烛，耳畔聆听着“普罗旺斯山居”的舒缓乐音，偶尔阅读着普罗旺斯的生活点滴，就这样安静缓慢地度过一个早晨。

生活节奏日益快速，每个片刻挤压了过多繁扰的人或事物，每个人仿佛都少了独处的时刻。慢食、慢活、乐活的口号正炽，宣示着一种全新的生活形态。不管你是个单身的忙碌上班族，还是蜡烛两头烧的职业妇女或是全职的家庭主妇，过多的生活压力总是难免干扰你的身心。找个片刻，在后院、阳台或是家中你最爱的角落，布置一个你最爱的餐桌主题，一个人缓慢地独享餐点，沉浸在舒缓的氛围中，为自己的身心再度充足能量。

面包可以运用藤篮再铺上餐巾纸放置，就更能呼应主题。或者也可以用木制提篮或园艺用的马口铁花器，或是陶盆，铺上一块布或是餐巾纸，都是很棒的点子。

虽然阳光很明亮，但摇曳的烛火，总能增添浪漫的意境，伴随着阵阵的淡雅香气，让独处的时刻更贴近内在本我。烛光与花朵绝对是餐桌布置不可或缺的元素。

普罗旺斯的主题书本及CD，带领自己的心神游至另一个向往的国度。闭上双眼，仿佛我正走在蓝色窗棂外的那片薰衣草中，也仿佛我正徜徉在成片的薰衣草花海。想象对我而言，深具另类疗愈的能量。

一笔一画细致勾勒出薰衣草的优雅姿态，用这样的花茶壶组冲泡最爱的薰衣草花茶，让啜饮的每一口都更耐人寻味。餐柜里至少收集一套自己最爱的花茶壶组或咖啡杯组，偶尔找个时间宠爱自己一下。

迷恋上紫色的原因，早已不复记忆
是先爱上紫，才执著地追寻薰衣草
或是恋上薰衣草，才贪恋满园紫色花海
原因已不重要
重要的是
院子里的薰衣草
朵朵绽放着紫色穗花
蝴蝶嬉戏……风轻笑
今晨，虽不在遥远的梦想国度，法国普罗旺斯
今晨，我在自己心里的普罗旺斯，迤逦的薰衣草花海
大自然天籁之音在耳畔缓缓流动着
空气中飘散着薰衣草独特的香气
薰衣草果酱面包
薰衣草果冻
薰衣草奶茶
我一个人的薰衣草早餐
在窗台边阅读着浮生悠悠
啜饮着温热的薰衣草奶茶
幸福正在开展

02

两个人的烛光晚餐

多久没与心爱的另一半享用烛光晚餐？你说等着情人节，等着结婚纪念日，等着他或她的生日，等着……不必再等，就选今天吧！浪漫会消蚀于等待中，浪漫其实可以随时都在。

浪漫总是让人直接联想到玫瑰花，利用玫瑰花来布置属于两个人的浪漫烛光晚餐吧！或许可以舍弃正式餐桌，而将镂刻着花朵图腾的米色铸铁庭院桌椅置放于落地窗边。铺上玫瑰花餐垫，镂空成套的小餐盘与小烛台，让桌面多了几分优雅的气息。取一只白色的容器，中央放置米色蜡烛，于周围放上朵朵新鲜玫瑰花。一瓶红酒或是特殊的香草酒，是营造气氛的最佳媒介，用细心装饰的高脚杯啜饮着，微酣的脸庞始终泛着甜蜜的笑意。

在桌角可以放置几张你们的合照，或是几本旅行相本，在浪漫如玫瑰的跃动音符里，一边餐叙一边温习着过往的甜蜜回忆。今晚，将成为此生最难忘的回忆。

只要有玫瑰花、烛光及蕾丝桌垫，浪漫的情境即刻呼之欲出，而这些简单的素材也可以变化出不同的效果。在一只白色的容器中央摆放米色蜡烛并倒入些许的水，分别将剪短的粉色及米色玫瑰花穿插置入，点燃烛火时其燃烧的热度将使玫瑰花释放出淡淡的香气。这是一款兼具实用性与美感的香氛烛台。

而另一种有趣的方法是，在粉红烛光的映照下，你们可以把玩一旁的玫瑰花，玩着“你爱我、你不爱我”的游戏，当然你得事先安排“你爱我”的肯定答案。而撕下的花瓣则置放于白色花瓣形的容器中，在烛光的掩映之下，这盘美丽的花瓣仿佛也见证着你们历久弥新的爱情。

运用玫瑰花与缎带做装饰，将缎带于杯缘侧面打上蝴蝶结并插入一朵短枝玫瑰花，高脚玻璃杯即呈现出优雅的动人姿态；而装酒容器则选择有着优雅瓶身的同色系玻璃酒瓶。

在素面的餐垫上再铺上一条绣有玫瑰花图案的小餐巾，让玫瑰主题更是随处皆在。此刻，透过窗纱洒落的夕阳余晖，一场浪漫的晚餐着实令人期待。

03

三五好友餐会

许久不见的姐妹淘或哥俩好情谊，一定有许多迫不及待想要分享的新鲜事或心事。运用各种元素布置，呈现出美好的氛围，让彼此促膝长谈，一定有助于彼此情谊的恒久滋长。

户外的庭园桌椅固然能享受到自然的天光云影，但若在室内则多了美妙音符作为陪衬。不论主角是姐妹淘或哥俩好，素材都可以依照颜色来作区别，或是混搭也是另一种风格的呈现。米色餐垫搭配着白绿相间的餐盘，右侧的银制餐具则放于蓝灰条纹的小杯垫上；若是木制餐具置放于彩绘的木制杯垫上也相当合宜。每个人的座位上都有着专属的刺绣餐巾，利用香草环套上姓名卡片。尤加利不论搭配着大朵粉色葱花或是白色玫瑰，都营造出更自然的意象。而在透明的烛台内，放入些许新鲜玫瑰花瓣，随着温暖的烛光让友谊更为加温。此刻，餐桌上点缀着红艳草莓的波士顿蛋糕，抑或是白色小钵里的香草坚果或开胃橄榄，都显得更加美味可口。

在这般气氛铺陈下，无论是“Men's talk”（男人的谈话）或是“Women's talk”（女人的谈话）一定都能畅所欲言。四周此起彼伏的爽朗笑语，伴随着天际的一抹温暖橘光，直至夜暮四合。

将绣有百里香图案的餐巾卷起，在写好姓名的白色小卡片角落用打孔机打个小洞，再用新鲜奥勒冈枝条穿过并小心打结，个人专属的餐巾环即完成。这样用心的布置手法，一定会让许久不见的他或她，内心感动良久。

同样的，玻璃水杯也可运用同系列的奥勒冈枝条，在杯身用手轻柔地绕成圆形。当啜饮每一口香草茶的当下，鼻息间同时也流动着清新的香草气息。平凡的玻璃水杯，只要加上一些巧思，就多了点动人的温暖。营造氛围，不一定得用价值不菲的水晶玻璃杯。

在透明的玻璃烛台内，撒上新鲜的花瓣或香草枝条，加温的烛火将使其释放出独特的香气，呼应着一旁牛奶壶里的新鲜白色玫瑰花与尤加利。花器可以运用各式的回收空瓶，打上缎带立即摆脱其平凡的面貌；或是一些有提把的瓷器或铁制牛奶壶，只要插上鲜花，立即呈现出动人的样貌。

在每个人的左侧都有一款装饰的小花瓶，运用回收的饮料空瓶插入前院采摘的迷迭香与繁星花，再利用铝线做成提把，这是让每人在餐会结束带回的小礼物。朋友带回可以置放家中或是扦插于小陶盆中，为此次的聚会留下完美的印记。

小空瓶可以运用创意做各种不同的变身，在瓶身贴上美丽的包装纸或彩绘，或用小印章盖上花草图案，而瓶口也可以用拉菲草、缎带、麻绳绑上写着“种植注意事项”的小卡片，都很别致。或是你还有什么新鲜点子，尽管表现出来。

只需将细节做些变化，就能呈现出不同的餐桌布置效果。换个花瓶或换种主题花饰，将餐垫、餐巾或是餐环的颜色调整为粉色系，加上可口的奶油波士顿蛋糕，百分百的“Women's talk”即刻就要拉开序幕。

绣有薰衣草图案的白色餐巾，用粉红缎带将专属姓名卡片系上，甜美的氛围让人舍不得打开使用。在餐盘上放上一只新鲜花朵或香草，也是不错的点子。

在木制餐椅上，运用新鲜尤加利枝条与粉红色缎带交相缠绕并打上蝴蝶结及姓名小卡，这是别出心裁的专属座位布置技巧。而延续此原则，你可以运用自己的巧思，变化出不下十种的座位布置。

自己彩绘的洋甘菊木制杯垫，搭配着颜色及材质都较为相近的木制叉子，利用新鲜薄荷枝条随意缠绕，这个小角落呈现出最自然的气息。也可以在木制杯垫上写下好友的名字，餐会结束后它就成为你精心打造的特殊好礼。

我常会用到一款很特殊的香草玻璃杯，是在百货公司的封馆出清中买回的，一组有六个，分别有不同香草的图案，特殊之处在于其不规则的杯身有着特殊的弧线。而香草杯与透明的蛋糕盘，增添了餐桌的优雅质感。可在蛋糕盘的把手处用缎带套上卡片，卡片上注明餐会的日期并为蛋糕取个有趣或感性的别称，然后在开餐前让每个人在卡片上签名、烙上唇印或写下此刻的心情。餐会后将此卡用画框框起，摆放于书桌上或家中角落。我想于你而言，这是世上最特殊的一幅画了。

04

家庭户外小野餐

在天气晴朗的日子，何妨全家人来个户外野餐。一条野餐垫、装食物的藤篮、零食、法式面包、果酱、水果、饮料、一盏防风烛台、几本杂志或书籍，或许再加上手提音响，让轻松的音符飞扬于惬意的午后。

在树荫下的草坪上野餐，真是人生的一大乐事：不会被炙热的大太阳直接晒到，却能在微风徐徐吹送之下，欣赏着阳光从树枝隙缝中筛落的影子；烙印于草坪的树影，总是随着一阵风的来去而呈现出绰约动人的姿态。若在秋季，常常心中默念着一阵风，好让叶片随风翻飞出美丽的姿态，而后无声地掉落地面，让我得以静静欣赏着叶脉的肌理纹路。记得孩子年幼时，偶尔带着轻食一起到公园野餐，看到飘落的叶片，他们总会开心地大叫“下叶子雨啰”，而后空气中荡漾着银铃般的童言笑语。因为这样的温暖记忆，我对野餐总有着一份难以释怀的情愫。

野餐时人可以如课堂上的顽皮小孩般，总是不受拘束。不需乖乖坐着，可以站着、跪着，抑或是闭上双眼躺着；可以不用刀叉、杯子，就用双手恣意地享用着餐点。野餐是一种跳脱常规的用餐方式，偶尔何妨大手牵小手，在阳光朗朗的午后草坪，边享用餐点边与树影嬉戏；或在夕阳余晖的白色沙滩，边啜饮着冰凉的柠檬薄荷茶，边欣赏着天际渲染成片的迷离景致。

带上几瓶不同口味的迷你果酱及香草奶油抹酱，丰富着法式面包的迷人口感。有着香草盆栽图案的餐巾纸比起纯白餐巾纸，总是多了点缤纷的意趣。用一只园艺用的铁制花器，盛装各式木制餐具，不怕摔的铁制花器偶尔还可以拿来装装冰块或水。

陶瓷密封罐中可以装入各式零食。一盏防风的造型烛台也是必备的，若是方便准备三四盏也无妨。当天色渐暗，将点燃蜡烛的烛台吊挂于树干上，或摆放于野餐垫上，除了照明更适合营造气氛。

一盆新鲜的到手香，有着防蚊的功效。将叶片摘下并轻轻搓揉出汁液，擦拭于蚊虫易叮咬之处，可免于搔痒之苦，是最天然的防蚊方式。

外出野餐难免制造些垃圾，可用木夹将垃圾袋固定于陶盆上，以防止风将之吹散。

有着提把的藤篮用来放置野餐的食品是再方便不过了。将要打包的小东西全都一一放入，到达目的地后铺上野餐垫，将东西固定后，藤篮可以用来盛装法式棍状面包，放在藤篮里的面包不知为何总显得特别吸引人。藤篮是非常好用的日用品之一，在家中角落将藤篮内摆放些水果或根茎类的蔬菜，就是一种非常自然的居家布置手法。

05

西式家庭 Party

传统的餐会大多数仍习惯以中式为主，大圆桌上众人开心地大啖美食、把酒言欢。然而，有时不妨也跳脱传统模式，试试以西式Party来宴客。可以不必拘泥于固定座位而随处游走任食餐点，也可以藉由周边景物与新朋友建立话题。在这样轻松惬意的环境下用餐，我想将会有全新的美好感受。

家中若有大型的户外庭院，这当然是再适合不过的了。若无，小阳台或是室内也能运用布置巧思呈现出温暖欢乐的意象。办Party有时或许只是为了与家人朋友相聚，但若能将Party设定一个主题，比如以人物、食物、植物、颜色、节庆或景点为主题，而依据主题呈现出意趣横生的创意布置手法，这样的主题Party除了增添乐趣也能为餐叙留下难忘的回忆。

这是一户刚落成的田园别墅，其门前有一大片的绿地，绿地上将来希望能种植些蔬菜、香草、大型果树等可食用的植物。于是阳光朗朗的午后，就在自家户外庭院，布置一个“香草&蔬果主题Party”。以两张大长桌铺上简约桌巾，并以与主题相关的素材来布置，营造出与主题相呼应的自然氛围。甚而，也可以在主题餐桌的周围陈列各式各样的香草及蔬果盆栽，并准备些园艺用品，在Party接近尾声时，每个大人及小孩在自家庭院的角落种上一株香草或蔬果植物，并用木制花插写下名称、日

期并签上自己的名字，这是个别出心裁的 Party 结束仪式。或许每年、三五年甚或更久的光阴累积，一样的晴朗午后，全家人团聚在绿树成荫、结实累累的大树下，伴着迷迭香或薰衣草的宜人香氛，度过一个个难忘的甜蜜午后。

亮晃晃的阳光给白色桌巾绘上马鞭草的身影，与玻璃壶上的植物图腾相互映衬，这偶然的片刻实属难得。而壶内泛着沁凉水汽的柠檬茶，让身心早已不自觉地清凉起来。

浅色棉麻桌巾上层层叠叠的白色餐盘，藤篮里的餐具及木制托盘上的玻璃杯，烘托出清新的用餐情境。而一旁蔓延的纽扣藤与写上“welcome to my home”（欢迎光临寒舍）的木制花插，更增添了自然的用餐氛围。餐桌上也运用园艺花插排上“welcome”，而在其侧的绣球花餐巾纸，成为此区的视觉焦点。此刻，只想大快朵颐。

随意的角落都纷纷摆放不同的香草或花朵。彩绘的小陶盆里有迷迭香及鼠尾草，也可以插入写着香草名称的花插，让大家进一步认识更多香草。马口铁花器中则插着新鲜的玫瑰花及尤加利，在拿餐盘之际还可以嗅闻到阵阵的浪漫香气。

大型透明玻璃瓮里盛装着缤纷的时令水果，铝线篮铺上蓝白格纹布就可以放入法式面包，而马口铁浅盆花器则用来放置冰块与啤酒。各式食材与素材的混搭布置，也为这一区营造出“只想大快朵颐”的氛围。

在每个角落也都巧妙融合了鲜花与烛光，透明小烛杯里分别放入小蜡烛及院子里采摘的盛放花朵。户外用餐一定少不了的防风烛台，也分别放置了白、蓝、绿三款不同的颜色，让整个餐会更为活泼生动。而当夜暮垂落之际，或许二二两两的来客仍意犹未尽，可以随地放置或是吊挂于树上的大型户外烛台，为夜晚的餐叙增添几许浪漫的气息。

著作权合同登记号：图字 16—2010—154

图书在版编目(CIP)数据

Julia's 香草满屋／夏荷著.—郑州：河南科学技术出版社，2011.11（2012.12 重印）

ISBN 978-7-5349-5160-2

Ⅰ.①J… Ⅱ.①夏… Ⅲ.①香料作物－普及读物 Ⅳ.①S573-49

中国版本图书馆 CIP 数据核字（2011）第 124920 号

出版发行：河南科学技术出版社

地址：郑州市经五路66号　邮编：450002

电话：(0371)65737028　65788613

网址：www.hnstp.cn

策划编辑：李迎辉

责任编辑：李迎辉

责任校对：徐小刚

封面设计：张　伟

责任印制：张艳芳

印　　刷：北京盛通印刷股份有限公司

经　　销：全国新华书店

幅面尺寸：170 mm×235 mm　印张：9.5　字数：250千字

版　　次：2011年11月第1版　　2012年12月第3次印刷

定　　价：29.00元

如发现印、装质量问题，影响阅读，请与出版社联系。